2012 y el verdadero fin del mundo

HERMES TAVERA BUENO

Pacific Press® Publishing Association
Nampa, Idaho
Oshawa, Ontario, Canada
www.pacificpress.com

2012 y el verdadero fin del mundo
Director editorial: Miguel Valdivia
Redacción: Ricardo Bentancur
Diseño de la portada: Gerald Lee Monks
Arte de la portada: © iStock photo
Diseño del interior: Diane de Aguirre

A no ser que se indique de otra manera, todas las citas de las Sagradas Escrituras están tomadas de la versión Reina-Valera, revisión de 1960.

P.O. Box 5353, Nampa, Idaho 83653
EE. UU. De N. A.

Primera edición: 2011

ISBN 13: 978-0-8163-9277-3
ISBN 10: 0-8163-9277-3
Printed in the United States of America

11 12 13 • 03 02 01

Contenido

¡UN CURSO GRATUITO PARA USTED!

Si la lectura de este libro lo inspira a buscar la ayuda divina, tiene la oportunidad de iniciar un estudio provechoso y transformador de las Escrituras, sin gasto ni compromiso alguno de su parte.

Llene este cupón y envíelo por correo a:

La Voz de la Esperanza
P. O. Box 53055
Los Angeles, CA 90053
EE. UU. de N. A.

✂- - - - - - - - - - - - - - - copie o corte este cupón - - - - - - - - - - - - - - -

Deseo inscribirme en un curso bíblico gratuito por correspondencia:

- ❑ Hogar Feliz (10 lecciones)
- ❑ Descubra (26 lecciones)

Nombre______________________________

Calle y N°____________________________

Ciudad_______________________________

Prov. o Estado_________________________

Código Postal (Zip Code)________________

País_________________________________

Capítulo 1

Explosión maya

Los extraterrestres ya no eran para mí los colonizadores de pirámides ni los transmisores de tecnología avanzada a las antiguas civilizaciones, ni simplemente los fundadores remotos del movimiento místico universal. Ellos eran una realidad viviente, "seres" con quienes podíamos establecer "contacto". En aquellos años de mi temprana juventud, yo vivía tardes de fantasía y misterio, de mística y meditación. La seguridad, o la sospecha de que existía un universo infinito más allá de la ilusión sensorial, dilataba la ansiedad de "canalización". El psicodélico trance a un universo luminoso nos hacía vivir la realidad metafísica.

El Iniciado —así lo llamábamos— siempre nos traía nuevos datos interesantes: la más reciente teoría conspiratoria, la última aparición de un platillo volador, la más fascinante formulación metafísica, las últimas "revelaciones" sobre el pasado y la única fórmula para escapar al inminente apocalipsis. Fue él quien trajo a los mayas de nuevo a mi vida. Sosteniendo en su mano una copia del *Libro de los libros del Chilam Balam*, dijo solemnemente: "Los clarividentes mayas profetizaron la llegada de los españoles, el establecimiento del cristianismo y el fin de la civilización. Los mayas fueron los más grandes astrónomos de la antigüedad, con conocimientos en algunas áreas incluso más precisos que los de la NASA". Y como si alguien estuviese discutiendo sus ideas, comenzaba a repetir los datos que para todos eran certísimos.

El Iniciado nos decía: "Los mayas tenían mucho conocimiento, porque sus antepasados eran extraterrestres. A través de sus ritos y chamanes habían transmitido sus secretos sobre el cosmos y la supervivencia de la raza de una generación a otra. Además, los nativos habían vivido en total armonía con la naturaleza, por lo que ella le reveló sus misterios".

En una tienda de libros usados, donde me encontré por primera vez con el Iniciado, conseguí una pequeña copia del *Chilám Balam*, impresa en México. En aquellos años se hablaba mucho de "convergencia" global y planetaria. Más tarde me introduje en la "arqueoastronomía", que en sentido popular busca en los restos del pasado alguna relación con el espacio sideral, o alguna evidencia del contacto de las civilizaciones pasadas con la vida extraterrestre.

El tema de los mayas se me presentaba como un terreno fértil y menos cultivado para mis "investigaciones" históricas y metafísicas. Debo aclarar que esas investigaciones no eran "de biblioteca". Porque, a mi entender, la mayoría de los "historiadores" y "científicos" conspiraban contra la divulgación de los hechos, o simplemente eran incapaces de comprenderlos. Según yo pensaba, la "mente occidental" insensibilizaba al hombre respecto de "la otra realidad", la mística y metafísica. ¿Para qué gastar tiempo en la ciencia occidental si podemos establecer, aquí y ahora, "contacto" con el más allá?

El círculo de interesados, que entre tertulias y trances se remontaba a los mayas, nunca pensó que su tema "secreto" sería años después la razón de éxitos taquilleros de Hollywood y de la conversación del hombre común. El Iniciado se vería reivindicado si descubriera hoy que, para muchos, el futuro del planeta depende de la profecía maya.

El calendario maya

Según las últimas especulaciones, el calendario maya encierra el misterio de su civilización y el futuro de la nuestra. Allí se marcan sus memorias y sus profecías, y se aglutinan los ciclos básicos de la vida y el movimiento de los astros. Contrario a nuestro sistema, el calendario maya tiene un final: el 21 de diciembre del 2012. Para entonces —dicen— nuestro planeta habrá llegado a su fin. La tierra será absorbida en un agujero negro, o tal vez colisionará con *Nibiru*, un planeta cuya existencia la NASA y los responsables de los observatorios astronómicos del mundo supuestamente han conspirado para ocultar. Aunque no precisa exactamente cómo serán los hechos que clausurarán un ciclo y darán lugar a otro, la fecha es exacta: 21 de diciembre de 2012.

Según la profecía maya, puede que ocurra tanto una "alineación planetaria" o un evento astronómico desconocido por los actuales humanos. Pero para esa fecha el mundo tal cual lo conocemos habrá terminado. ¿Cómo será ese cambio radical? ¿Será destruida totalmente la tierra? ¿La multiplicación terrorífica de las catástrofes reconfigurará la geografía del planeta? Todo es posible. Pero lo que es seguro es que la tierra pasará a ocupar una nueva posición en relación al cosmos, y el mundo sufrirá un "despertar de la conciencia". Ese "despertar" será una "nueva era", donde los hombres, liberados de todo dogma, vivirán en armonía con la tierra y con el cosmos. El paradigma racional cederá paso a una nueva espiritualidad que hará del hombre un ser más sensible y capaz de reconocerse como habitante del universo. Los hombres por fin descubrirían su potencial y verdadera identidad "divina" con la que podrán configurar su propia realidad.

¡Cuánto desearía el Iniciado vivir en esta época luminosa! La última vez que lo vi me pidió que le consiguiera su "enteógeno".[1] Supe que murió de una sobredosis buscando liberar su "dios interior".

---

1. Nombre genérico de las sustancias usadas por chamanes para provocarse trances. En la cultura popular equivale a "droga alucinógena". La palabra se forma de las palabras griegas "*en*" (dentro), "*theos*" (dios) y "*genos*" (llegar a ser). El Iniciado la usaba como sinónimo de droga.

Antecedentes

El siglo XX vio el surgimiento de nuevas ideologías que vaticinaban "el fin de la religión". Para muchos, los años de posguerra serían el preludio para el advenimiento de una humanidad completamente secularizada. Incluso algunos teólogos proclamaron la "muerte de Dios". Esas expectativas no pudieron ser más falsas. Aun los más pesimistas de entonces han tenido que reconocer que vivimos un nuevo despertar religioso. Pero la religión ha tomado nuevas formas y adquirido nuevos ritos.

La brujería, el ocultismo y el espiritismo se han unido con todas las formas de religiosidad oriental para formar una masa de creencias con algunos puntos en común. La Nueva Era es una negación de la religión tradicional y a la vez una amalgama de muchas otras formas religiosas. Todo forma un producto "espiritual" al gusto de las masas. El amor sin mandamientos, la no violencia, la "conciencia ecológica", y las creencias paganas se conjugan en un producto religioso que fascina a las multitudes.

Todo crea un ambiente adecuado para que la humanidad reciba la revelación especial del advenimiento de un nuevo comienzo augurado por los mayas. Este ambiente incluye: el condicionamiento de la ciencia ficción, el resurgimiento de la adivinación y la astrología, el afán por contactar el mundo extrahumano del más allá, las teorías "científicas" sobre el pasado catastrófico de la humanidad, la aparente "rebelión" de la naturaleza contra el hombre, la "conciencia verde" o ecológica, el consumo masivo de la literatura de autosuperación, la apreciación más precisa del mundo astronómico y del "desarrollo avanzado" de las culturas primitivas.

Cambios

A diferencia del Iniciado, mi vida fue transformada por una visión infinitamente superior. Hago referencia a la revelación de Dios para sus hijos al final de los tiempos: el libro bíblico de Apocalipsis. Allí descubrí que espíritus demoníacos engañarían a la mayor parte de los habitantes de la tierra, para prepararlos para la gran y última batalla contra Dios (Apocalipsis 13:14; 16:14).

¿Será toda esta expectativa por el calendario maya y "el despertar de la conciencia" otra forma de engaño satánico?

Capítulo 2

Dios y el futuro

Todos en algún momento nos hemos ido a dormir por la noche preocupados por lo que nos espera al día siguiente. El rey Nabucodonosor no fue una excepción. Pero su preocupación tenía un alcance mayor. A él le preocupaba el futuro de su imperio, Babilonia, y la posibilidad de que un día cayera y otro lo sucediera como había ocurrido hasta entonces. Esa noche tuvo un sueño perturbador. Se levantó sobresaltado con la ansiedad de descubrir lo que los "dioses" querían comunicarle. ¡Pero qué tragedia! De la noche solo le quedó el pesar, pues el sueño ¡lo olvidó totalmente!

Pero no tenía de qué preocuparse. Babilonia fue la cuna de la astrología y de muchas prácticas de adivinación que aún se usan en la actualidad. Mucho de lo que hoy se vende como "Nueva Era" proviene directamente de aquellos tiempos antiguos. Nabucodonosor estaba rodeado de los sabios de su tiempo. Los mejores encantadores, adivinos, médiums, magos, astrólogos, clarividentes estaban a solo un pedir de boca. Pero fue en vano. Los "sabios" se declararon impotentes de describir el sueño, mucho menos de interpretarlo (Daniel 2:1-11). La ira del rey desencadenó una serie de trágicos acontecimientos que curiosamente pusieron el asunto en manos de Daniel (vers. 12-16). Daniel y sus compañeros fueron a su casa a orar y pedir "misericordias del Dios del cielo sobre este misterio" (vers. 17, 18).

"Entonces el secreto fue revelado a Daniel en visión de

noche, por lo cual bendijo Daniel al Dios del cielo. Y Daniel habló y dijo: Sea bendito el nombre de Dios de siglos en siglos, porque suyos son el poder y la sabiduría. Él muda los tiempos y las edades; quita reyes, y pone reyes; da la sabiduría a los sabios, y la ciencia a los entendidos. Él revela lo profundo y lo escondido; conoce lo que está en tinieblas, y con él mora la luz" (vers. 19-22). Luego el profeta se presentó ante el rey. "Respondió el rey y dijo a Daniel, al cual llamaban Beltsasar: ¿Podrás tú hacerme conocer el sueño que vi, y su interpretación? Daniel respondió delante del rey, diciendo: El misterio que el rey demanda, ni sabios, ni astrólogos, ni magos ni adivinos lo pueden revelar al rey. Pero hay un Dios en los cielos, el cual revela los misterios, y él ha hecho saber al rey Nabucodonosor lo que ha de acontecer en los postreros días. He aquí tu sueño, y las visiones que has tenido en tu cama:" (vers. 26-28).

Dios le reveló a Nabucodonosor la sucesión de reinos desde el tiempo de Babilonia hasta la inauguración del reino glorioso de Dios.

El futuro

Esta historia resalta algunos hechos importantes: en primer lugar, *solo Dios conoce los misterios del futuro.* En segundo lugar, *su conocimiento del futuro está estrechamente relacionado con su "sabiduría y poder"* para ejecutar su voluntad. Y por último, *el hombre solo conoce el futuro por medio de la revelación divina.* Todos estos factores se explican mutuamente.

Toda la excitación popular por conocer el futuro revela una falsa concepción en cuanto al futuro mismo. Muchos consideran "el futuro" como un fenómeno ya dado, una entidad independiente de todo. Algo así como un "destino", una "suerte", un dato ya fijado por fuerzas misteriosas que nadie puede cambiar. Pero no es cierto. El futuro no existe "ahora"; es en efecto *¡futuro!* Los hombres y los acontecimientos van dejando una huella en el pasado mientras construyen el futuro. En algún momento en mi presente, ahora ya pasado, yo decidí escribir estas líneas, y ¡tú decidiste leerlas! Esa decisión formó tu futuro, que se hizo presente mientras leías… ¡y precisamente ahora ya se hizo pasado! Conocer del futuro tiene mucho más que ver con nuestras decisiones y acciones que con algún conocimiento especial.

Pero, alguien me dirá, no todos los acontecimientos en que yo estoy involucrado como testigo, sujeto u objeto, tienen que ver solo conmigo. Otros deciden muchas de las cosas que nos pasan. Yo soy solo una persona que trata de avanzar dentro de una multitud de millones de otras. Lo quiera o no, mi ruta estará condicionada por alguna de las millones de decisiones de esas otras personas. Todo eso sin contar los fenómenos "naturales", como la lluvia, el viento, el movimiento de la tierra, un terremoto, una tormenta, un maremoto, una lluvia de meteoros. Y más allá de eso la Tierra es parte de un movimiento universal. La Tierra también se abre paso en medio de millones y millones de cuerpos siderales. Por así decirlo, somos un microscópico granito de arena en una playa infinita, que a su vez es tan solo un granito de arena de otra playa mayor… y así hasta el imperceptible infinito.

¿No será que todas esas otras decisiones y movimientos de otros objetos y personas fuera de ti tienen que ver con tu futuro? ¡Claro que sí! Como tú también tienes que ver con el futuro de ellos. El futuro es el eventual resultado de todas las decisiones y movimientos presentes y pasados que ocurren en el universo. Puesto que este es el caso, el conocimiento absoluto del futuro no puede estar al alcance de tan solo uno de los elementos envueltos. El conocimiento del futuro no se encuentra atesorado en algún astro o un millón de ellos; no lo posee una persona ni una multitud de ellas. Solo un ser capaz de conocer todos los elementos y fenómenos que se dan en el universo puede también conocer el futuro. Ese ser es Dios.

Cualidades de Dios

La primera razón por la que Dios puede conocer el futuro es *porque es eterno* (ver Isaías 40:28). La Biblia concibe la eternidad de Dios no como un punto que proviene de un pasado y que a través del presente avanza hacia el futuro infinito. No, Dios "habita la eternidad" (Isaías 57:15), su ser se extiende de "eternidad a eternidad", del infinito pasado al infinito futuro (1 Crónicas 16:36; Nehemías 9:5). El pensamiento divino (Isaías 55:8) puede situarse en cualquier punto en la esfera del tiempo. Dios llena el tiempo y a la vez está fuera de él. Él no se afecta por lo temporal; todo lo futuro le es como pasado, por eso él no cambia (Malaquías 3:6). Él "es *el mismo* ayer, y hoy, y por los siglos" (Hebreos 13:8). Así, su relación con el tiempo lo presenta capaz de conocer el futuro.

La segunda razón por la que él conoce el futuro es el hecho de ser *el Creador de todo y de todos*. "Así dice Jehová, el Santo de Israel, y su Formador: Preguntadme de las cosas por venir; mandadme acerca de mis hijos, y acerca de la obra de mis manos" (Isaías 45:11). Dios conoce nuestro futuro precisamente porque es el Creador nuestro y de todas las cosas. Somos obra de *sus* manos.

Pero decir que Dios es el Creador merece una aclaración especial. Cuando nosotros creamos (o inventamos), lo hacemos en el marco de nuestras posibilidades. Pero "él es Todopoderoso, al cual no alcanzamos, grande en poder" (Job 37:23). "Todo lo que Jehová quiere, lo hace, en los cielos y en la tierra, en los mares y en todos los abismos" (Salmos 135:6; Eclesiastés 8:3). La creación no es más que la materialización de sus pensamientos. A eso se refiere la Biblia cuando dice que todo fue hecho "por la palabra de Jehová" (Salmos 33:6). "Porque él dijo, y fue hecho; él mandó, y existió" (Salmos 33:9).

Dios mantiene el futuro en su pensamiento y lo crea con su palabra. Así, ese atributo divino de hacer lo "que él quiere" lo hace capaz de conocer el futuro: "Acordaos de las cosas pasadas desde los tiempos antiguos; porque *yo soy Dios, y no hay otro Dios*, y nada hay semejante a mí, *que anuncio lo por venir desde el principio*, y desde la antigüedad *lo que aún no era hecho*; que digo: Mi consejo permanecerá, y *haré todo lo que quiero*" (Isaías 46:9, 10).

Dios y nuestra libertad

¿Será entonces que Dios controla todas las decisiones y movimientos de todos los seres y elementos del universo? Si ese fuera el caso, el universo sería un inmenso circo de marionetas movidas a cada paso por el deseo de Dios. Pero ese no es el caso. La Biblia enseña claramente que Dios ha dejado a sus criaturas inteligentes en completa libertad de elegir (Génesis 2:16, 17; Deuteronomio 30:19). Dios es respetuoso de nuestra libertad aun cuando nuestras decisiones lo puedan afectar. La muerte de su Hijo "por nuestros pecados" es un claro testimonio de que para Dios es más prioritario "amar" que controlar, tener criaturas "libres" que autómatas haciendo lo que él quiere.

Pero, ¿cómo puede Dios lograr su propósito en el universo si él respeta las decisiones de todos? Debo reconocer aquí que la sabiduría humana, lo que yo puedo saber, es muy limitada para conocer "el misterio de su voluntad". Sin embargo, la Biblia dice que él lo revela a sus hijos "según su beneplácito" (Efesios 1:9), conforme a su propia prudencia.

Prefiero mirar la voluntad de Dios como *una* entre otras. Justamente, por vivir en sociedad, somos afectados por otros. Y así, nuestras libertades terminan donde comienzan las del prójimo. Cuando Dios decidió crearnos por amor —al igual que a todos los seres del universo—, al mismo tiempo estaba decidiendo limitar *su* libertad. Amar no es solo dar libertad sino también limitar la propia. Dios ha puesto su voluntad en el sorteo casi infinito de las voluntades de sus criaturas.

Pero aunque la voluntad de Dios es una entre muchas, *su*

voluntad es más poderosa que la nuestra. El ejercicio de la voluntad se debe a la libertad, pero *la libertad siempre está limitada a lo que es y puede hacer quien la ejerce.* En lo particular, no tengo libertad para cambiar el curso de una estrella, porque soy impotente para hacerlo. Pero el poder de Dios mueve el universo. Así, su voluntad y libertad son infinitamente más amplias que las nuestras, como es infinitamente superior su poder del nuestro. De modo que el poder y la sabiduría de Dios lo colocan en posición ventajosa en relación a nosotros. Las decisiones de un ser que puede ver "el fin desde el principio", que tiene poder infinito, impactará evidentemente más en el universo que las mías propias, que ni sabía dónde estaban mis lentes hace un ratito.

Otras ventajas de Dios

La Biblia habla también de un atributo divino en relación con el conocimiento del futuro. Es lo que el apóstol Pedro llama "presciencia" (1 Pedro 1:2; Hechos 2:23). *La presciencia es el "conocimiento anticipado" que Dios tiene de las cosas.* Pero ese preconocimiento no es "predeterminación". *Dios en su sabiduría ha "anticipado" nuestras decisiones, no las ha determinado.* Cuando Dios nos da una profecía, o un anuncio anticipado de un evento futuro, lo da no solo en función de su poder único y voluntad sino también tomando en cuenta el resultado final de todas las voluntades y libertades de todos los que estarán involucrados con ese evento, pues él ya lo sabe de "antemano".

Otra razón por la que Dios conoce el futuro y puede lograr "lo que él quiere" es porque en el universo hay millones de seres infinitos que han dedicado su existencia "a ejecutar" su voluntad (Salmos 103:20, 21). Cuando Jesús nos enseñó a orar con la frase "hágase tu voluntad, como en el cielo, así también en la tierra" (S. Mateo 6:10), estaba motivándonos a sumarnos al infinito coro de seres universales que viven para hacer la voluntad de Dios (S. Marcos 3:35). Jesús nos dio el ejemplo (S.

Mateo 26:42). Él vivió para hacer la voluntad de su padre (S. Juan 4:34; 6:38). Cuando alguien entrega su vida y voluntad a Dios, está aumentando las posibilidades de que la voluntad de Dios se realice. Al crearnos, Dios autolimitó su libertad. Cuando nos entregamos a él, le estamos devolviendo su derecho original. En el universo solo habrá armonía cuando, ¡libremente!, todos los seres creados le entreguen su voluntad a Dios a fin de que él obre conforme a las posibilidades de su infinito amor y sabiduría.

Pues bien, si solo Dios conoce el futuro, entonces ningún hombre puede reclamar para sí el poder profético. Daniel dijo a Nabucodonosor: "El misterio que el rey demanda, ni sabios, ni astrólogos, ni magos ni adivinos lo pueden revelar al rey. Pero hay un Dios en los cielos, el cual revela los misterios, y él ha hecho saber al rey Nabucodonosor lo que ha de acontecer en los postreros días" (Daniel 2:27, 28). Para conocer el futuro, el hombre está limitado a lo que Dios ha revelado. "Las cosas secretas pertenecen a Jehová nuestro Dios; más las reveladas son para nosotros" (Deuteronomio 29:29).

El hombre no puede ni siquiera manipular a Dios para que le revele conocimiento especial. No existe una técnica, arte o rito que pueda provocar que Dios revele sus secretos. La imagen típica del clarividente, mago o "brujo", que después de algunos ritos recibe un conocimiento especial, es extraña a la Biblia. Dios revela sus secretos cuándo y a quién él quiere. Cuando Daniel quiso conocer el misterio de Dios, no practicó ninguna técnica esotérica, sino que fue a su casa a suplicar a Dios "misericordias" (Daniel 2:18). Dijo que Dios le reveló el misterio, "no porque en mí haya más sabiduría que en todos los vivientes", sino porque eso era parte de su plan (vers. 30).

Ante estos hechos y ante un Dios como el que tenemos, lo más sabio no es tratar de *manipularlo*, sino simplemente *consultarlo* respecto de nuestros temores. La mejor decisión es establecer una relación permanente, una comunión constante que permita que su sabiduría ilumine nuestras decisiones y su voluntad se ejecute a través de nosotros. Al fin de cuentas, lo más importante no es conocer el futuro, sino conocer a Dios (ver S. Juan 17: 3). En última instancia, no necesito conocer el camino si tengo un guía. Mi deber no es preguntarle, sino seguirlo (S. Mateo 4:18-20; S. Juan 8:12).

La oración es un primer paso para establecer esa comunión. En su libro, el profeta Daniel nos dejó constancia de que ese era uno de sus hábitos espirituales (Daniel 2:18; 6:10; 9:3, 4).

De paso, creo que hemos avanzado demasiado en nuestro estudio ¡sin orar! ¿Por qué no te detienes ahora y decides entrar en contacto con Dios? ¿Por qué no dedicas algún tiempo ahora para hablarle? Si lo haces, puedes vaciar en él toda tu ansiedad con la seguridad de que él tendrá cuidado de ti (1 Pedro 5:7). Cuéntale tus temores y frustraciones. Compártele tu vida. Medita en su Palabra y déjate absorber en su sabiduría.

Capítulo 3

La más asombrosa profecía

Es posible que alguna vez hayas escuchado algo acerca del sueño del rey Nabucodonosor. Pues bien, ha llegado el momento de estudiar esa sorprendente profecía. En un sentido, ésta es una de las profecías más importantes de los libros de Daniel y Apocalipsis. En primer lugar porque es la primera, y en segundo lugar porque abarca desde el tiempo de Babilonia al establecimiento del reino de gloria.

Daniel dijo al rey: "Tú, oh rey, veías, y he aquí una gran imagen. Esta imagen, que era muy grande, y cuya gloria era muy sublime, estaba en pie delante de ti, y su aspecto era terrible. La cabeza de esta imagen era de oro fino; su pecho y sus brazos, de plata; su vientre y sus muslos, de bronce; sus piernas, de hierro; sus pies, en parte de hierro y en parte de barro cocido. Estabas mirando, hasta que una piedra fue cortada, no con mano, e hirió a la imagen en sus pies de hierro y de barro cocido, y los desmenuzó. Entonces fueron desmenuzados también el hierro, el barro cocido, el bronce, la plata y el oro, y fueron como tamo de las eras del verano, y se los llevó el viento sin que de ellos quedara rastro alguno. Mas la piedra que hirió a la imagen fue hecha un gran monte que llenó toda la tierra" (Daniel 2:31-35).

La figura central del sueño es una imagen de diferentes materiales que es destruida por una misteriosa piedra que, a su vez, se convierte en un monte que llena toda la tierra. El siguiente diagrama muestra la estructura del sueño del rey:

La más asombrosa profecía

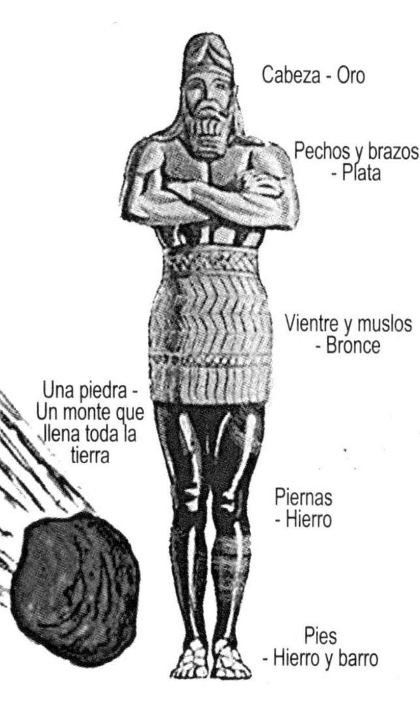

La interpretación que Daniel dio del sueño de Nabucodonosor fue como sigue: "Tú, oh rey, eres rey de reyes; porque el Dios del cielo te ha dado reino, poder, fuerza y majestad... tú eres aquella cabeza de oro. Y después de ti se levantará otro reino inferior al tuyo; y luego un tercer reino de bronce, el cual dominará sobre toda la tierra. Y el cuarto reino será fuerte como hierro; y como el hierro desmenuza y rompe todas las cosas, desmenuzará y quebrantará todo. Y lo que viste de los pies y los dedos, en parte de barro cocido de alfarero y en parte de hierro, será un reino dividido; mas habrá en él algo de la fuerza del hierro, así como viste hierro mezclado con barro cocido. Y por ser los dedos de los pies en parte de hierro y en parte de barro cocido, el reino será en parte fuerte, y en parte frágil. Así como viste el hierro mezclado con barro, se mezclarán por medio de alianzas humanas; pero no se unirán el uno con el otro, como el hierro no se mezcla con el barro. Y en los días de estos reyes el Dios del cielo levantará un reino que no será jamás destruido, ni será el reino dejado a otro pueblo; desmenuzará y consumirá a todos estos reinos, pero él permanecerá para siempre, de la manera que viste que del monte fue cortada una piedra, no con mano, la cual desmenuzó el hierro, el bronce, el barro, la plata y el oro. El gran Dios ha mostrado al rey lo que ha de acontecer en lo por venir; y el sueño es verdadero, y fiel su interpretación" (Daniel 2:37-45).

Reinos

La imagen y sus diversos materiales representan una sucesión de cuatro reinos, seguidos por un reino dividido que a su vez sería sustituido por el reino eterno, cuyo comienzo es simbolizado por la caída de una piedra. El libro de Daniel nos ayuda a identificar esos reinos. En primer lugar, Daniel le dijo a Nabucodonosor que su reino era la cabeza de oro (vers. 37, 38). Así, Babilonia es el primer reino. Los otros reinos no son mencionados por su nombre en el capítulo 2, pero tenemos otras claras pistas para identificarlos. Por ejemplo, Daniel le dijo al rey: "Después de ti [de Babilonia] se levantará otro reino" (vers. 39). En el mismo libro de Daniel se narra la caída de Babilonia y se nos dice específicamente que los "de Media y de Persia" (Daniel 8:20) sucedieron a los babilonios en el dominio del mundo conocido. Otras profecías de Daniel (Daniel 8:3-6) identifican a los "griegos" como el tercer reino (Daniel 8:20, 21; 10:20).

Estoy tratando de proveer la evidencia bíblica, aunque una simple mirada a cualquier libro de historia universal puede confirmar la secuencia "Babilonia-Persia-Grecia". Estos son los primeros tres reinos representados en la imagen del sueño del rey. Lamentablemente no tenemos el nombre del cuarto reino en el libro de Daniel, pero la historia identifica al Imperio Romano como el verdadero sucesor de Grecia en el dominio universal. El libro de Daniel y otros libros de la Biblia pueden confirmar esa identificación. El cuarto reino sería un reino fuerte y devastador (Daniel 2:40; 7:7, 23), que destruiría el templo judío (Daniel 9:27) y en cuyo dominio moriría el Mesías (Daniel 8:11; 9:26). Jesús identificó a Roma con ese reino (S. Mateo 24:15; S. Lucas 21:20). Roma destruiría el templo judío desde sus mismo cimientos (S. Mateo 24:1, 2; S. Juan 11:48). Y el mismo Jesús, el Mesías, murió en manos del poder romano (S. Juan 19:1, 15, 16).

Efectivamente, después de la caída de Roma el mundo no ha conocido un imperio unificador de todos los gobiernos y territorios de influencia en el mundo. Desde la caída de Roma vivimos en el tiempo del "reino dividido" y desigual, representado por los pies de hierro y de barro de la imagen en el sueño. Así, en cuanto a la profecía de Daniel 2, solo esperamos el advenimiento del "reino de la piedra". "En los días de estos reyes, el Dios del cielo levantará un reino que no será jamás destruido, ni será el reino dejado a otro pueblo; desmenuzará y consumirá a todos estos reinos, pero él permanecerá para siempre" (Daniel 2:44). Sin duda este evento representa la segunda venida de Cristo a la tierra, que inaugurará el reino eterno (S. Mateo 24:30; 25:31, 34).

El siguiente diagrama muestra la interpretación bíblica de la imagen en el sueño del rey Nabucodonosor:

Cabeza de oro	Babilonia
Pecho y brazos de plata	Media-Persia
Vientre y muslos de bronce	Grecia
Piernas de hierro	Roma
Pies de hierro y barro	El mundo actual dividido y desigual
Piedra convertida en monte	El reino eterno de Cristo

Antes de pasar a la siguiente profecía de Daniel, debemos resaltar que este sencillo esquema profético escrito hace más de quinientos años antes de Cristo, ha resistido la prueba del tiempo. ¿Por qué no se ha levantado otro imperio como el romano? ¿Por qué han fracasado todos los intentos de unificación de Europa bajo un solo poder? Carlo Magno, Carlos V, Napoleón Bonaparte, el Káiser Guillermo II y Hitler son parte de la lista de "poderosos fracasados" en su intento de revertir lo que la profecía había predicho. La expresión "no se unirán" se mantiene como lo más seguro de los poderes políticos de hoy y como evidencia de la veracidad de la profecía.

Otra visión de lo mismo

En Daniel 7 se describe la siguiente profecía. Cuatro bestias extrañas surgen del mar (vers. 2, 3): una era como león (vers. 4), la siguiente como oso (vers. 5) y la tercera como leopardo (vers. 6). La cuarta bestia era "espantosa y terrible", con "dientes grandes de hierro" y con "diez cuernos" en su cabeza (vers. 7). Un ángel le explicó a Daniel que las "cuatro grandes bestias" eran cuatro reinos (vers. 17, 23), y que los diez cuernos indicaban que del cuarto reino surgirían otros reinos divididos (vers. 23, 24). Ya habrás descubierto en esta visión otra forma de la profecía del capítulo 2 de Daniel: cuatro reinos seguidos de una división de reinos.

Pero encontramos aquí un detalle adicional. De los diez cuernos (el reino dividido después de Roma) surge un cuerno misterioso (otro reino), un poder político religioso con fuerza suficiente para destruir a los otros reinos (Daniel 7:8, 24). Este reino blasfemaría contra Dios, perseguiría a su pueblo y cambiaría su ley (vers. 21, 25). Este misterioso poder tendría un plazo determinado para ejercer su autoridad (vers. 25). Ya definimos al cuarto reino como Roma, y el hecho de que este poder surja de la cabeza de Roma, la cuarta bestia, sugiere que es de origen romano. Después de la caída de Roma ejercería el monopolio del control religioso en el mundo, reprimiendo y persiguiendo a los santos.

El juicio y el reino eterno

A la caída de ese poder seguiría un evento impresionante: "Estuve mirando hasta que fueron puestos tronos, y se sentó un Anciano de días, cuyo vestido era blanco como la nieve, y el pelo de su cabeza como lana limpia; su trono llama de fuego, y las ruedas del mismo, fuego ardiente. Un río de fuego procedía y salía de delante de él; millares de millares le servían, y millones de millones asistían delante de él; el Juez se sentó, y los libros fueron abiertos" (vers. 9, 10). En su interpretación, el ángel explicó a Daniel que esta escena se refiere a un juicio celestial (vers. 26). A esta escena en la visión sigue la toma de posesión del reino eterno por parte de un personaje identificado como "un hijo de hombre" (vers. 13, 14). El ángel explicó que esto se refería al eterno reino preparado para "los santos del Altísimo" (vers. 27). Este reino evidentemente es el mismo reino de piedra que sigue a todos los reinos terrenales. Este "hijo de hombre" es el Señor Jesucristo que recibe su reino (S. Mateo 25:31).

Una comparación de las profecías de Daniel 2 y 7 mostrará un cuadro más acabado de la secuencia profética:

Daniel 2	Daniel 7	Interpretación
Cabeza de oro	León	Babilonia
Pecho y brazos de plata	Oso	Media-Persia
Vientre de bronce	Leopardo	Grecia
Piernas de hierro	Bestia "espantosa"	Roma
Pies de hierro y barro	Diez cuernos	El mundo (romano) dividido
	Cuerno misterioso	Poder político y religioso (romano) de la Edad Media
	Escena celestial	El juicio
El reino de piedra	El reino del Hijo del Hombre	El reino de Cristo

Habrás notado que la visión del capítulo 7 añade dos elementos que se intercalan después de la división del mundo (del Imperio Romano) y antes del establecimiento del reino de Cristo: el "cuerno" y "el juicio". Sobre esto ampliaremos en otro capítulo.

Los santos

Me gustaría dirigir la atención a otro aspecto de la visión del capítulo 7. Es posible que alguien se pregunte por qué solo se mencionan esos imperios y no otros. Aunque existen múltiples razones, la principal de ellas es la relación de esos imperios con el pueblo de Dios. La primera mención del reino de Babilonia en el libro de Daniel lo identifica como un poder perseguidor del pueblo escogido (1:1, 2). En el capítulo 10 de Daniel, "Persia" y "Grecia" son mencionados en relación con el pueblo de Dios (vers. 1, 13, 20). Roma, por su parte, dispersaría al pueblo judío, mataría al Mesías y perseguiría a la naciente iglesia cristiana. A Dios le preocupan sus hijos y las naciones son juzgadas de acuerdo al trato que tienen con el pueblo de Dios y su relación con la ejecución del plan divino en la tierra.

Esto se ve claramente en la estructura del capítulo 7 de Daniel. Daniel recibió primero la visión de las cuatro bestias, el cuerno pequeño, el juicio y el reino del "hijo de hombre" o Cristo (vers. 4-10, 13, 14). El ángel le resumió a Daniel el significado de la visión con las siguientes palabras: "Estas cuatro grandes bestias son cuatro reyes que se levantarán en la tierra. Después *recibirán el reino los santos del Altísimo*" (vers. 17, 18). Daniel solicitó más información de toda la visión, incluyendo del momento en que "se dio el juicio a los santos del Altísimo; y llegó el tiempo, y *los santos recibieron el reino*" (vers. 19-22). La explicación final del ángel culmina cuando "el reino, y el dominio y la majestad de *los reinos debajo de todo el cielo, sea dado al pueblo de los santos del Altísimo*, cuyo reino es reino eterno, y todos los dominios le servirán y obedecerán" (vers. 27).

Seguramente habrás notado que aunque en la visión "*el hijo*" recibe el reino (vers. 13, 14), en todos los demás casos los que reciben "el reino" son "*los santos* del Altísimo" (vers. 18, 22, 27). Esta simple comparación muestra que el foco de las profecías de la Biblia lo constituyen "los santos", el pueblo de

Dios en la tierra. Ellos han sido ignorados, perseguidos y maltratados. Pero un día "se sentará el Juez" y ellos "recibirán el reino". El apóstol Pablo nos dice que "si sufrimos, también reinaremos" con Cristo (2 Timoteo 2:12). La victoria de Cristo ocurre en calidad de "hijo de hombre" (Daniel 7:13), es decir, como representante de la humanidad redimida. Cuando él recibe el reino, es en representación de su pueblo. El "hijo de hombre" también es "hijo de Dios" (S. Juan 5:25-27). Al tomar Cristo nuestra humanidad, nuestra "carne y sangre" (Hebreos 2:14), se hizo nuestro "hermano" (vers. 11). Así nos ha dado "potestad de ser hechos hijos de Dios" (S. Juan 1:12).

El que vino a la tierra como el "unigénito" Hijo (S. Juan 3:16), ahora ya no es más "único", sino el "primogénito entre muchos hermanos" (Romanos 8:29). Por eso, "ahora somos hijos de Dios" (1 Juan 3:2). "Y si hijos, también herederos; herederos de Dios y coherederos con Cristo, si es que padecemos juntamente con él, para que juntamente con él seamos glorificados" (Romanos 8:17).

Es un gran privilegio ser parte del pueblo de Dios. Es preferible ser "maltratado con el pueblo de Dios, que gozar de los deleites temporales del pecado" (Hebreos 11:25). Si entregas tu vida al cuidado y a la voluntad de Dios, ya eres el foco de la profecía. Dios moverá el cielo y la tierra a fin de cumplir su promesa de salvación para ti. Su Hijo es nuestro Hermano y nuestro Representante.

Seguiremos enfocados en el mensaje de las profecías, pero regresemos a los mayas una vez más. ¿Qué dijeron éstos acerca del fin del mundo?

Capítulo 4

El calendario maya y el fin del mundo

Aquella noche, acostado en lo alto, clavó sus ojos en una estrella. Las estrellas habían anunciado su nacimiento y marcado su suerte. Observando las estrellas durante siglos incontables, los sabios habían desentrañado el mensaje de los dioses. Aquella noche coincidieron el *Haab'* y el *Tzolk'in.*

Los mayas tenían varios sistemas para medir el tiempo. El *haab'* era el calendario de un año (*tun*), o 365 días, compuesto por 18 meses (*winal*) de 20 días (*k'ins*), más cinco días adicionales. El *Tzolk'in* era un calendario ritual de 13 meses de 20 días, es decir 260 días. Para que un día y su número en el *Haab'* coincidieran con un día y su número en el *Tzolk'in,* debían pasar 52 años. Cuando esto ocurría había que celebrarlo en grande.

Por eso, él estaba allí. La misteriosa rueda del tiempo había completado otra vuelta, pero en esta lo había arrastrado a él. Sujetado por cuatro sacerdotes mientras contemplaba el cielo por última vez, vio el cortante objeto que como un fugaz meteoro se estrellaba contra su pecho. Apenas le dio tiempo cerrar los ojos antes de que el *Ahucán May* arrancara su corazón para presentarlo con manos apretadas y sangrantes a los dioses sedientos.

Este personaje maya tuvo la desafortunada suerte de vivir en la fecha exacta de la convergencia de los dos calendarios. Esto ocurrió durante miles de años en la América precolombina.

Pero ahora, varios siglos después, un grupo de jóvenes atentos y atemorizados se preparaban para otro rito. En principio, Teresa[2] había llegado allí por curiosidad. Pero una fascinación irresistible parecía desligarse de su destino. El grupo se preparaba para la llegada del décimotercer *bak'tun*.

¿Qué significa esto? Veinte años mayas formaban un *k'atun* (7.200 días); y 20 *k'atunes,* un *bak'tun* o144.000 días. Trece *bak'tunes* (algo más de 5.128 años) formaban el gran ciclo del calendario de cuenta larga. El fin del pasado gran ciclo marcaba el fin de la antigua creación. ¿Qué ocurriría al final de este ciclo?

Los historiadores han logrado cotejar el calendario maya con el nuestro, de modo que una fecha en el calendario maya se puede ubicar en una fecha corriente. Si queremos saber cuándo termina el presente gran ciclo de cuenta larga del calendario maya, solo debemos saber cuándo comenzó. En la ciudad de Quiruguá, Guatemala, existe un monumento maya, llamado Stela C, que narra el mito de la última creación. Según este monumento, la creación ocurrió en "13.0.0.0.0 4 *ahaw* 8 *Kumk'u*". La misma fecha, al parecer, se encuentra en el "Vaso de los siete dioses". En la correlación con nuestro calendario, la fecha sería el 11 de agosto del 3114 a.C.

El final del presente gran ciclo sería algo más de 5.128 años después de 3114 a.C. Eso nos lleva al 21 de diciembre de 2012. En el llamado "monumento 6" de Tortuguero, México, aparece la única mención conocida de la fecha final del presente gran ciclo. La inscripción señala el "fin del 13 *Bak'tun* en 4 *Ahaw* 3 *K'ank'in*". Esto equivale a la misma fecha del 21 de diciembre de 2012. Por lo tanto, en 2012 terminará el "gran ciclo" del calendario de los mayas.

¿Qué esperaban los mayas que sucediera al final del gran ciclo de su calendario? ¿Qué significado tiene el 2012?

En aquellas reuniones Teresa buscaba la respuesta. Según

2. Nombre ficticio.

los promotores del "fenómeno 2012", el 21 de diciembre de este año habrá una alineación del sol con el Ecuador de la Vía Láctea, una reversión de los polos magnéticos de la tierra, un caos galáctico y un despertar de la conciencia en la tierra. Cada evento tendrá a su vez una amplia gama de consecuencias. El hecho es que según todos los promotores, 2012 será una época de transición para nuestro planeta.

El rito de aquella noche pretendía preparar al grupo para el advenimiento de esa nueva era. Lo que había comenzado con algunos datos interesantes de un pueblo no muy conocido y con algunos cálculos en un misterioso calendario, se había convertido para ella en el centro de una nueva religión. En algunos libros había aprendido que los mayas "aparecieron de repente con el más sofisticado reloj galáctico jamás conocido hasta los tiempos modernos",[3] y su civilización se enfocaba en "círculos galácticos en expansión". ¿Cómo pudieron ellos conseguir ese conocimiento y orientación? Porque, según se especula, los mayas eran navegadores galácticos. Y el propósito de su venida a este planeta fue muy específico: dejar aquí un paquete definitivo de pistas e información acerca de la naturaleza y el sentido de la vida para este tiempo particular del sistema solar y nuestra galaxia.

Ella se concebía a sí misma como un canal a través del cual la energía cósmica positiva entraba en el planeta. Su deber era ubicar el tiempo oportuno y prepararse para el despertar de su conciencia al proceso de transformación del universo. El 2012 se avecinaba y ella no estaba dispuesta a perder su cita con el destino.

Sus ojos movedizos e inquietos eran el espejo de su vida. Parecía hipnotizada por el movimiento de las llamas que acababa de encender el "guía". Como un rayo que se abre paso en medio de la noche negra y tempestuosa, una convicción traspa-

---

3. Todas las referencias bibliográficas aparecen al final.

só lo más profundo de su alma. No se trataba de un sacrificio humano, pero sentía que algo le arrancaba el corazón. Ahora pertenecía a los dioses.

Pero como una presa vacila ante el inminente ataque de una fiera, aquella noche decidió detenerse un poco antes de entregarse por completo.

A la mañana siguiente me encontró. Vino con una amiga. Su amiga tenía algún conocimiento y simpatía por la Biblia, pero se estaba interesando más en la Nueva Era y le fascinaba todo lo relacionado con el "fenómeno maya" o "2012". En cuanto a ella, tan solo quería saber mi opinión; al menos, así me dijo.

Esto es lo que compartí con ellas en aquella mañana luminosa:

¿El fin del presente mundo?

No existe prueba seria y concluyente de que los mayas esperaran que algo ocurriera en 2012.

- *Una inscripción corrompida*: Solo un monumento maya (Tortuguero 6) menciona específicamente la fecha de 2012. Pero éste preserva un texto grandemente corrompido y oscuro. Los actuales mayas que han preservado la tradición de su calendario no relacionan ningún evento importante con la llegada de 2012.
- *Lo que ocurrió al finalizar el pasado ciclo*: Según la Stela 1 de Coba, la Máscara de Río Azul, la Stela C de Quiroga, la Cruz y el Sol de las tabletas de Palenque y el relato de la cuarta creación del *Popol Vuh*, al finalizar el gran ciclo pasado lo que realmente ocurrió fue la transición al siguiente. Nada diferente esperaban los mayas para el final del presente ciclo. No existe el fin del calendario maya, sino el fin de un ciclo dentro de ese calendario. Cuando el ciclo termine, comenzará otro… y así sucesivamente.

- Pero hay un dato más sorprendente aún: La Stela 1 de Coba muestra que los 13 *b'aktunes* son parte de ciclos mucho más largos, que bien podrían ser de más de 1.000 millones de años.

¿Qué pasará?

La verdad es que no hay ningún estudioso con verdaderas credenciales académicas que apoye toda esta especulación. Todo comenzó con la opinión del experto Michael D. Coe, quien en 1966 se aventuró a decir que los mayas esperaban el fin del mundo para 2012. Posteriormente el profesor Coe afirmó que esa era solo una especulación y retiró la declaración de las futuras ediciones de su libro. Recientemente llamó al "fenómeno 2012" una "arbitraria especulación", una "exageración" basada en "falsas profecías".

David Stuart, uno de los más grandes especialistas del mundo sobre la cultura maya, escribe rotundamente que las afirmaciones de una transformación del mundo o de la conciencia en 2012 basado en el calendario maya, son totalmente erradas y engañosas. "Ningún texto maya autentico predice el fin del mundo en 2012 o ningún evento destructivo en conexión con el cambio del décimo tercer *b'aktun*".

La verdad es que el Planeta Nibiru,[4] que supuestamente colisionará con la Tierra, simplemente no existe. No hay evidencia observable de ningún peligro astronómico en el futuro cercano. Eso no significa que no pueda ocurrir, pero afirmarlo es una especulación infundada. La alineación del Sol con el Ecuador de la Vía Láctea es algo más común de lo pensado, es simplemente cíclico. En todo caso es evidente que no representa ningún peligro para la estabilidad de la Tierra. De todos modos, no se predice una alineación de los planetas dentro de la presente década.

4. Para lo siguiente consulte la página en Internet de la NASA: *www.nasa.gov*

El verdadero asunto

Pero, ¿qué decir de los expertos escritores e importantes personalidades académicas que publicitan "el fenómeno 2012"?

Teresa y su amiga parecían intrigadas:

- *Falsas credenciales*: Los llamados "expertos" del "fenómeno 2012" son realmente promotores vulgares de teorías arbitrarias. Algunos tienen buenas calificaciones académicas, pero en otras áreas de estudio. En sus libros y documentales citan a otros "expertos" que no son más que sus compañeros de especulación. Uno de ellos se presenta como el director del "Centro de Estudios Intergalácticos". Para el lector más vulnerable, eso sugiere la idea de un "observatorio espacial". En realidad es una institución fantasma con un título engañoso. Este tipo de instituciones son centros de meditación y especulación "trascendental y espiritual", cuyo único telescopio es la fantasía que los remonta a regiones de confusión.
- *Falsos mayas*: Los llamados "mayas" entrevistados en algunos documentales de TV, son en realidad personas más influenciadas por la teoría del entrevistador que por su propia tradición. Cuando los supuestos "mayas" hablan de un evento metafísico que ocurrirá en 2012, usan el lenguaje moderno de la Nueva Era. Ninguno de ellos cita un documento o tradición auténticamente maya.
- *Oportunismo*: "El fenómeno 2012" no es más que un intento oportunista de los ideólogos del sincretismo de la Nueva Era. Siempre que haya una fecha con posibilidad de desarrollar el interés popular (como el 2000 y el 2012), estos predicadores de lo oculto proclaman toda clase de especulaciones para promover las mismas doctrinas del antiguo paganismo.
- *Falsedades*: No existe corroboración histórica que muestre

que los mayas eran los astrónomos que estos promotores pretenden vender. Es imposible encontrar un punto de contacto entre lo que afirman los promotores del "fenómeno 2012" con las verdaderas creencias de los mayas. Los mayas no legaron ningún conocimiento astronómico especial que no pueda ser observado "por el ojo". Y acerca de que los mayas son extraterrestres avanzados, ¿cómo es posible que ellos tuvieran el secreto de nuestra supervivencia y no pudieron preservar su civilización ante la conquista española? ¿Cómo pueden los mayas tener el secreto de la armonía cósmica si ellos mismos no vivieron en armonía? ¿Cómo pueden enseñarnos de la paz si fueron un pueblo ferozmente guerrero?

Entonces invité a las jóvenes a estudiar el verdadero "Apocalipsis". Lo que realmente Dios ha revelado sobre el futuro de la Tierra. Las animé a analizar las profecías milenarias que se han venido cumpliendo a los ojos de los hombres y que son verificables por historiadores auténticos. Con un poco de reserva, aceptaron. Y lo que descubrimos cambió nuestras vidas para siempre.

Te invito a que nos acompañes en este estudio fácil y apasionante de las profecías de la Biblia. Te aseguro que lo que sigue ¡te sorprenderá!

Capítulo 5

El mensaje de las catástrofes

Terremotos. Tornados. Maremotos. Incendios. Volcanes... Desde el momento en que pensé escribir este libro, comencé a coleccionar estadísticas y noticias sobre el incremento de las catástrofes naturales en los últimos años. Sin embargo, a la luz de recientes acontecimientos me temo que mis impactantes datos hayan perdido su importancia. La magnitud de las catástrofes de los últimos meses nos hace sentir cada vez menos seguros de nuestra supervivencia en la tierra. Pueblos enteros corren el peligro de desaparecer por alguna tragedia natural. "Natural", no solo porque ocurren en la "naturaleza", sino porque su frecuencia las hace cada vez más "naturales".

En el mundo sociopolítico, las guerras mundiales dieron paso a la guerra "fría" con la amenaza atómica de aniquilación total. El siglo XXI trajo consigo su inestabilidad y sus grandes conflictos; "la guerra contra el terror" es tan solo uno de ellos. La reciente recesión mundial nos ha recordado a todos que los recursos se agotan, que el actual sistema de cosas no puede sostenerse más. El hambre y el desamparo ya no son solo fenómenos del África. Y nunca hubo un tiempo que produjera tanta enfermedad mental; la depresión es ya parte de nuestro estilo de vida. Los problemas sociales son el eco del clamor de millones que viven en un drama de profunda angustia personal. Una ola sombría se cierne sobre nuestro mundo, quitándole aun a los más optimistas la posibilidad de mirar un futuro promisorio.

El templo

En los tiempos de Jesús, hacia el fin de su ministerio sus discípulos expresaron un terror similar por el futuro. Su temor giraba en torno a la destrucción del templo.

Como en muchos pueblos primitivos, en el antiguo Israel la vida giraba en torno del templo. El templo no era un instrumento solo al servicio de la religión. Aun la economía nacional estaba controlada por el templo. Los banqueros y comerciantes lo consideraban "su" lugar. Para encontrar un equivalente moderno del templo, tendríamos que buscar una entidad que reúna en una sola institución el Vaticano, Hollywood, la Casa Blanca y Wall Street.

El templo era el orgullo nacional, pero también el centro de la vida y las esperanzas del pueblo de Israel. Un día también Jesús estuvo allí, con sus discípulos.[5] Al contemplar detenidamente sus imponentes edificios, dijo solemnemente: "¿Veis todo esto? De cierto os digo, que no quedará aquí piedra sobre piedra, que no sea derribada" (S. Mateo 24:2). El templo sería destruido desde sus cimientos. El edificio "sagrado" sería echado por tierra. Y con su caída se conmoverían todos los cimientos de la sociedad y del mundo de sus oyentes.

El terror se apoderó de los discípulos. Para ellos la destrucción del templo estaba íntimamente ligada al fin del mundo (vers. 3). Confundidos, se alejaron silenciosamente del lugar. En la montaña, que permitía una visión más completa del templo, le formularon a Jesús la gran pregunta: "Dinos, ¿cuándo serán estas cosas, y qué señal habrá de tu venida, y del fin del siglo? (vers. 3). Yo no estuve allí, pero estoy agradecido a quienes le preguntaron a Jesús exactamente lo que yo le hubiera preguntado.

Señales

La respuesta de Jesús va más allá de un cálculo matemático de algún calendario. En realidad, él se mostró menos dispuesto

5. El relato se encuentra en San Mateo 24, San Marcos 13 y San Lucas 21, pero seguiremos más de cerca el relato de San Mateo.

a calcular fechas que a identificar acontecimientos cruciales. Jesús les habló de un tiempo cuando se multiplicarían los engaños y los estafadores religiosos (vers. 4, 5, 24); cuando habría enfrentamientos, guerras nacionales e internacionales, "pestes, y hambres, y terremotos en diferentes lugares" (vers. 7). Se extinguiría el afecto natural mientras la maldad se multiplicaría (vers. 12); todo sería una gran "tribulación" (vers. 21). La gente viviría en "angustia", "confundidas", "desfalleciendo... por el temor y la expectación de las cosas que sobrevendrán en la tierra" (S. Lucas 21:25, 26).

Vivimos en el tiempo al que Jesús se refería en su profecía. Esto no es del todo una mala noticia. Significa que la angustia actual no ha tomado a Dios por sorpresa. Cristo dio a entender que los eventos del mundo se enmarcan dentro de un plan delimitado. Las expresiones "pero aún no es el fin", es solo el "principio de dolores", "entonces vendrá el fin" (S. Mateo 24:6, 8, 14), "cuando veáis... la abominación... entonces..." (vers. 15, 16), "e inmediatamente después..." (vers. 29), nos indican que los eventos siguen un orden. Jesús dice que es "necesario que todo esto acontezca" (vers. 6). Todo responde a un plan. En medio de las tragedias y desastres de la vida, Dios va cumpliendo su propósito.

Pero es muy difícil discernir este orden divino; especialmente cuando hemos permanecido lejos de Dios y estamos pasando por una tragedia personal. Naturalmente el ofuscamiento y la desesperación se apoderan de nosotros. Esta es la razón por la que Jesús nos advirtió: "Mirad que no os turbéis". El que reconoce la mano de Dios en la sombra de los acontecimientos y entrega la vida a su cuidado, no es preso del miedo.

Pero los agentes del mal aprovechan el caos y la desesperanza para lograr sus infernales propósitos. Jesús dijo que con el incremento de la anarquía social y natural también aumentarían los engaños y los engañadores: No solo habría muchos falsos "Cristos" (vers. 5, 23, 24), sino también "falsos profetas" (vers. 11, 24). Ha habido y siempre habrá quienes, por negocio o alguna otra razón, utilizan el temor de la gente para sembrar nuevas y llamativas teorías que la Biblia llama "engaños", con los que "muchos" quedan seducidos (vers. 5, 11, 24). Por eso Jesús advirtió: "Mirad que nadie os engañe" (vers. 4).

La gran señal

Jesús nos proveyó tanto una lista como una clasificación de estos eventos (S. Mateo 24:1-14). Primero mencionó los engaños y los engañadores, las guerras y rumores de guerra y añadió: "Es necesario que todo esto acontezca; *pero aún no es el fin*" (vers. 4- 6).[6] Luego anticipó tragedias naturales y sociales como "pestes, y hambres, y terremotos", pero éstas serían tan solo "principio de dolores" para el mundo (vers. 7, 8). La lista continúa con la descripción de más tribulaciones, engaños y angustias (vers. 9-12). Sin embargo, esto aún no sería el fin; los verdaderos fieles tendrían todavía que "perseverar", manteniéndose fieles "hasta el fin" (vers. 13). "Y será *predicado este evangelio* del reino en todo el mundo, para testimonio a todas las naciones; *y entonces vendrá el fin*" (vers. 14). La predicación del evangelio constituirá la "gran señal", el evento definitivo que marcará el fin del mundo.

Notemos la secuencia en el discurso de Jesús:

- Engaños, guerras y rumores de guerra (24:4-6)... "pero aún *no es el fin*" (vers. 6).
- Más guerras, pestes, hambre, terremotos (24:7)... solo es el "*principio* de dolores" (vers. 8).
- Angustia espiritual (24:9-12)... todavía hay que "perseverar *hasta el fin*" (vers. 13).

6. Al menos que se indique lo contrario, la letra cursiva de los textos bíblicos citados es un énfasis del autor.

- Será predicado el evangelio en todo el mundo... "e*ntonces vendrá el fin*" (24:14).

Pero el discurso profético no terminó allí. Jesús repitió con más detalles la secuencia de eventos que ocurrirían hasta el fin del mundo. Abundó en los detalles de la destrucción de Jerusalén. Un ejército invasor profanaría y destruiría el templo (S. Mateo 24:15; S. Lucas 21:20) y mataría a los que no lograran huir (S. Mateo 24:16-20). Pero Jesús miró más allá de la caída de Jerusalén en el primer siglo de nuestra era. Él vislumbró una "gran tribulación, cual no la ha habido desde el principio del mundo hasta ahora, ni la habrá" (vers. 21). Aquí interpone palabras de ánimo: "Y si aquellos días no fuesen acortados, nadie sería salvo; mas por causa de los escogidos, aquellos días serán acortados" (vers. 22).

Luego Jesús detalló un poco más la naturaleza de los engaños que había mencionado antes (vers. 23-28). Las estratagemas satánicas serían tales que "engañarían, si fuere posible, aun a los escogidos" (vers. 24).

"E inmediatamente después de la tribulación de aquellos días, *el sol* se oscurecerá, y *la luna* no dará su resplandor, *y las estrellas* caerán del cielo, y *las potencias de los cielos serán conmovidas*" (vers. 29). Estos portentos Jesús no los había mencionado en su descripción anterior. En esta segunda representación los fenómenos en el cielo constituirían la "gran señal" del fin. "Entonces aparecerá la señal del Hijo del Hombre en el cielo; y entonces lamentarán todas las tribus de la tierra, y verán al Hijo del Hombre viniendo sobre las nubes del cielo, con poder y gran gloria" (vers. 30).

En la primera narración, después de la predicación del evangelio, llega "el fin" (vers. 14). De la misma manera, en la segunda narración, después de la conmoción de las potencias del cielo aparece Cristo en las nubes (vers. 30). Una presentación de ambas narraciones mostrará claramente estas dos secuencias:

San Mateo 24:4-14	San Mateo 24:15-30
Angustias-conflictos-engaños (vers. 4-13)	Angustias-conflictos-engaños (vers. 15-28)
"Será predicado el evangelio" (vers. 14)	Fenómenos en los astros, "potencias del cielo serán conmovidas" (vers. 29)
Entonces vendrá el fin" (vers. 14)	Entonces aparece la señal de Jesús en las nubes con poder y gloria (vers. 30)

Los detalles estructurales de ambas partes de la narración se repiten en cada caso con la excepción del segundo elemento de cada una. En ambas se mencionan angustias, conflictos y engaños; lo mismo que el fin del mundo, que en la segunda narración se identifica como la venida de Cristo. Pero en la segunda parte no se menciona la "predicación" del evangelio, así como en la primera no se menciona la "conmoción" de las potencias del cielo. Esto sugiere que *estos dos elementos en paralelo se refieren al mismo acontecimiento*. Este es el dato que me resulta más interesante: De alguna manera la predicación del evangelio equivale a la conmoción de las potencias del cielo. ¿Cómo puede ser esto así?

Las "potencias" conmovidas

Debemos buscar esa respuesta en la misma Biblia. El antiguo profeta Joel habló también de una conmoción de los astros: "Y después de esto *derramaré mi Espíritu* sobre toda carne, y *profetizarán* vuestros hijos y vuestras hijas…Y también sobre los siervos y sobre las siervas derramaré mi Espíritu en aquellos días. Y daré prodigios en el cielo y en la tierra, sangre, y fuego, y columnas de humo. *El sol se convertirá en tinieblas, y la luna en sangre*, antes que venga *el día grande y espantoso de Jehová*. Y todo aquel que invocare el nombre de Jehová será salvo" (Joel 2:28-32).

Notemos la secuencia: Primero, Dios derramaría su "Espíritu"; segundo, los que recibieran el Espíritu se dedicarían a "profetizar", es decir, a la predicación (vers. 28). Luego se menciona otra vez el derramamiento del "Espíritu" (vers. 29), a lo que siguen prodigios en la tierra y en el cielo (vers. 30-31). El resultado será un gran acontecimiento de salvación, donde "todo el que invocare el nombre de Jehová será salvo" (vers. 32). El siguiente cuadro nos puede ayudar a entender el orden de los acontecimientos:

Joel 2:28	Joel 2:29-31
Derramamiento del Espíritu	Derramamiento del Espíritu
Predicación del evangelio (profetizarán)	Prodigios en el cielo (vers. 30-31)
Salvación de los que invocan el nombre de Dios y son llamados	

Notemos que el profeta Joel mantiene la misma relación de eventos que Jesús presentó en su discurso: La predicación del evangelio guarda estrecha relación con la conmoción de los astros.

Pero, ¿por qué la predicación del evangelio "conmueve" al sol, la luna y las estrellas? Para responder esa pregunta tenemos que remontarnos a la forma de pensar de los antiguos. El sol, la luna y las estrellas eran considerados como "dioses" por los pueblos paganos. Aun los israelitas apóstatas practicaron este tipo de culto. A pesar de que Dios claramente les advirtió que no adoraran al "sol y la luna y las estrellas, y todo el ejército del cielo" (Deuteronomio 4:19), ellos constantemente "amaron", "sirvieron", "preguntaron" y "anduvieron en pos" del "sol y la luna y a todo el ejército del cielo" (Jeremías 8:2). El profeta nos dice que "ofrecieron incienso" a los "dioses ajenos" del "ejército del cielo" (Jeremías 19:13).

Esta es la razón por la que los profetas describieron el día final como una guerra de Dios contra los astros celestes. Dios "castigará al ejército del cielo", "la luna se avergonzará, y el sol se confundirá, cuando Jehová de los ejércitos reine" (Isaías 24:21, 23). Esta es la razón por la que la expresión de Jesús, "el sol se oscurecerá, y la luna no dará su resplandor, y las estrellas caerán del cielo" es tan repetida por los antiguos profetas cuando describen el tiempo de la manifestación poderosa de Dios en esta tierra (Isaías 13:10; 24:23; Ezequiel 32:7; Joel 2:10). Con la llegada de Dios, el "ejército del cielo" (Isaías 34:4; 24:21), las huestes demoníacas, serían vencidas.

Estoy seguro de que Jesús vaticinaba una conmoción física en los astros como una señal de su venida. Pero la información bíblica mostrada nos explica que esa conmoción del sol, la luna y las estrellas también funcionarían como un símbolo del triunfo del poder divino sobre el poder demoníaco que ha mantenido a los hombres sumidos en una falsa adoración. Esa victoria sobre el poder del mal en la vida de los hombres solo se hace posible con la proclamación poderosa del evangelio.

Sí, también Satanás y sus ángeles son las "potencias del cielo" que serían conmovidas antes de que venga el fin. El Nuevo Testamento le llama a Satanás "el príncipe de la potestad del aire" (Efesios 2:2). "Porque no tenemos lucha contra sangre y carne, sino contra principados, contra *potestades*, contra los gobernadores de las tinieblas de este siglo, contra *huestes espirituales de maldad en las regiones celestes*" (Efesios 6:12).

La predicación del evangelio conmueve las huestes satánicas. Un ejemplo de esto lo encontramos en Hechos 17:13: "Cuando los judíos de Tesalónica supieron que también en Berea *era anunciada la palabra de Dios* por Pablo, fueron allá, y también *alborotaron* a las multitudes". Es interesante saber que la palabra traducida en este texto como "alborotaron" (griego: *saleúo*) es la misma que Jesús usa hablando de las potencias del cielo "conmovidas" en San Mateo 24:29. La predicación del evangelio *sacude* el reino de Satanás. ¡Qué buena noticia! Si te sientes profundamente atado a cadenas demoníacas de pecado, dale paso en tu vida al poder libertador del evangelio (Romanos 1:16).

Liberación

Dios creó un mundo bello y perfecto y lo puso bajo la autoridad y señorío del hombre (Génesis 1:26). Cuando el hombre pecó, quedó esclavo de Satanás (S. Juan 8:34; Romanos 6:16); y no solo él, sino también la creación que estaba bajo su cuidado: "Porque la creación fue sujetada a vanidad, no por su propia voluntad" (Romanos 8:20). Desde entonces, la tierra no solo produciría rosas, sino espinas (Génesis 3:17, 18). Por así decirlo, Satanás sembraría cizaña en la tierra de Dios (S. Mateo 13:24-28).

Las guerras, los terremotos, el hambre y las enfermedades que presenciamos hoy, no son la obra de Dios: "Un enemigo ha hecho esto", explicó Jesús (vers. 28). Las desastrosas catástrofes de nuestros días no son más que el clamor de una naturaleza cautiva bajo el control de Satanás. "Sabemos que toda la creación gime a una, y a una está con dolores de parto hasta ahora" (Romanos 8:22).

Cristo vino para liberar a los hombres del poder de Satanás (S. Juan 8:32, 36). La buena noticia es que esa liberación será consumada en la restauración de todas las cosas; entonces la naturaleza también será liberada del poder del enemigo: "Porque también la creación misma será libertada de la esclavitud de corrupción, a la libertad gloriosa de los hijos de Dios" (Romanos 8:21). Por eso "el anhelo ardiente de la creación es aguardar la manifestación de los hijos de Dios" (vers. 19). Así cuando un hijo de Dios es liberado del poder del mal, anticipa en su vida la liberación de toda la creación.

Es por eso que la predicación del evangelio aumentaría al mismo paso que las catástrofes naturales. *Las catástrofes no son en sí señales de que Cristo viene; son recordatorios al mundo de que la creación sufre, de que hay hijos de Dios cautivos, que el evangelio debe ser predicado, el reino de Satanás sacudido y que alguien debe ser liberado.*

De modo que la gran señal que marcará la hora del fin del tiempo es cuando el evangelio sea predicado a toda nación, tribu, lengua y pueblo (S. Mateo 24:14). Esto es así porque el Dios que se nos reveló en Jesucristo está profundamente comprometido con la salvación de cada alma. "El Señor no retarda su promesa [de regresar y poner fin a este mundo], según algunos la tienen por tardanza, sino que es paciente para con nosotros, no queriendo que ninguno perezca, sino que todos procedan al arrepentimiento" (2 Pedro 3:9).

Dios no está sentado sobre un trono esperando impaciente que llegue la hora del fin. Él no está ansioso por destruir a este mundo. Su misión, en la que él ha invertido la vida de su propio Hijo, es la salvación de los hombres (S. Juan 3:16, 17). Antes de que se desate la crisis final, cada persona habrá tomado una decisión consciente en relación con el mensaje de salvación de Dios. Él ha ordenado todas las cosas para que ese mensaje de salvación llegue a ti ahora. Sin que tú lo sepas, poderes espirituales están pugnando ahora mismo por tu vida. Satanás tiembla y teme perder el control. Esta es tu hora de decisión.

Capítulo 6

Una escena cósmica

Cuando uno se interesa en "los misterios del reino", encuentra una fascinación incomparable con cualquier otra cosa (S. Mateo 13:11). Estoy seguro de que estarás interesado en conocer más acerca de las visiones extraordinarias del libro de Daniel. La siguiente profecía aparece en el capítulo 8. El capítulo 7 añadió importante información a la del capítulo 2; así mismo, el capítulo 8 nos provee información crucial que no aparece en ningún otro lugar.

La siguiente visión de Daniel se trata de un "carnero" (8:3, 4), al que le sigue un "macho cabrío" (vers. 5-8), luego un poder que se extendería en todas las direcciones y haría guerra contra "el ejército del cielo" y contra las "estrellas" (vers. 9, 10). El mismo poder se enfrentaría al "príncipe de los ejércitos" del cielo, al santuario de Dios y a "la verdad" (vers. 11, 12). El ángel le explicó a Daniel que el "carnero" representaba el reino de "Media y de Persia" (vers. 20), y que el "macho cabrío es el rey de Grecia" (vers. 21). Luego le habló de una potencia devastadora que se basaría en el engaño y en la destrucción del "pueblo de los santos" y "contra el Príncipe de los príncipes" (vers. 23-25). Estas son las mismas potencias que aparecen en los capítulos 2 y 7. La potencia que sigue a Grecia evidentemente es la romana, no solo en su etapa "imperial" sino también en su forma "cristiana", que se hizo sentir en el mundo religioso mucho tiempo después de la caída de Roma como poder político.

Luego la profecía menciona un evento especial. "Entonces oí a un santo que hablaba; y otro de los santos preguntó a aquel que hablaba: ¿Hasta cuándo durará la visión del continuo sacrificio, y la prevaricación asoladora entregando el santuario y el ejército para ser pisoteados? Y él dijo: Hasta dos mil trescientas tardes y mañanas; luego el santuario será purificado" (vers. 13, 14). De modo que después del surgimiento del poder opresor (de origen romano), el santuario sería "purificado". El ángel le explicó a Daniel que esa purificación del santuario, al final de las "dos mil y trescientas tardes y mañanas", sería un evento que ocurriría al final del tiempo (vers. 26).

Esta es la secuencia de los acontecimientos de la visión de Daniel 8:

Visión	Interpretación
Carnero	Media-Persia
Macho cabrío	Grecia
Cuerno misterioso	Roma pagana y "cristiana"
Purificación del Santuario	Evento del tiempo del fin

Es útil que comparemos la visión del capítulo 8 de Daniel con las del capítulo 2 y 7.

Daniel 2	Daniel 7	Daniel 8
Cabeza de oro	León	—
Pecho y brazos de plata	Oso	Carnero
Vientre de bronce	Leopardo	Macho cabrío
Piernas de hierro	Bestia "espantosa"	"Cuerno misterioso"
Pies de hierro y barro	Diez cuernos	"Cuerno misterioso"
	Cuerno misterioso	
	Juicio	Purificación del Santuario
Reino de Piedra	Reino del "Hijo de hombre"	

El diagrama anterior mostró algunos detalles importantes de la visión del capítulo 8. En primer lugar, se simplifica la presentación de los poderes que siguen a Grecia (Roma, su división y su fase religiosa "cristiana"). En segundo lugar, no se habla del "juicio" ni del reino, sino de la "purificación del santuario".

El Santuario

El juicio entonces se presenta en términos de la "purificación del santuario". Creo que ha llegado el momento para que estudiemos la escena del juicio que se presenta en Daniel 7. Para hacer justicia al capítulo 8, debemos descubrir primero qué es la "purificación del santuario". La primera pregunta que debemos responder es a qué se refiere la visión cuando habla de un "santuario". Como siempre, la Biblia tiene la respuesta. Dios ordenó a los israelitas que le construyeran "un santuario" para habitar en medio de ellos (Éxodo 25:8). Es interesante saber que Dios mismo diseñó ese Santuario. Le "mostró" y le dio a Moisés un "modelo" (vers. 9, 40) para que supiera cómo construirlo.

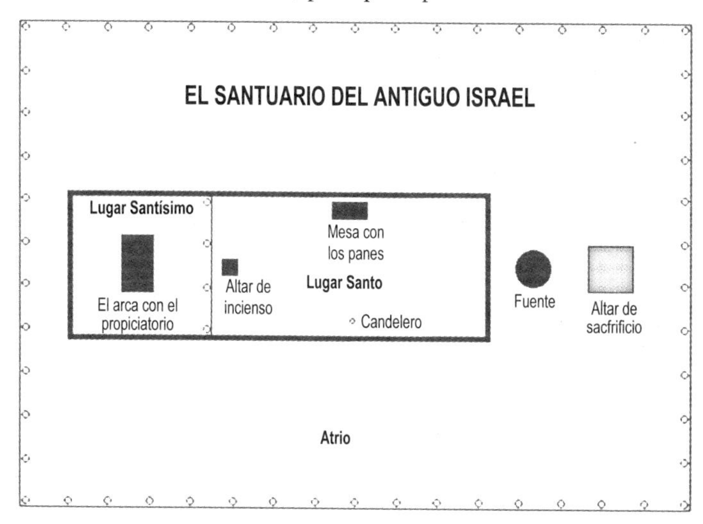

La estructura básica del Santuario se describe en Éxodo 40. Básicamente es un recinto abierto, o atrio, en cuya puerta había un altar para "sacrificios". Dentro de ese recinto estaba el

Santuario propiamente dicho. Entre la puerta del atrio y la del Santuario se ubicaba una fuente de agua. El Santuario en sí estaba divido en dos partes, el *Lugar Santo* y el *Lugar Santísimo*. En el Lugar Santo había un candelabro, una mesa y un altar de incienso. En el Lugar Santísimo estaba el arca sagrada cubierta de oro con dos querubines sobre su tapa [llamada "propiciatorio"]. El Lugar Santo y el Lugar Santísimo estaban separados por un velo.[7]

La estructura del Santuario estaba diseñada para cumplir una función especial: Allí se realizaría el culto religioso del pueblo en relación con su Dios. Los pecados del pueblo debían ser "expiados" con la vida de un animal (Levítico 4), sacrificado en el altar cercano a la puerta del atrio (Levítico 1:5). El sacerdote debía mojar el velo interior del Santuario con la sangre del animal sacrificado (Levítico 4:6, 17). Esa sangre equivalía a "la vida" del animal (Levítico 17:11). De esa manera, el pecador era perdonado gracias a la sangre expiatoria del ser sacrificado (Levítico 4:26, 31, 35).

Todo eso ocurría diariamente de manera continua en la esfera del Lugar Santo (Éxodo 29:38, 39). Pero una vez al año (Levítico 16:2, 34), en el Día de la Expiación (23:26, 27), el sacerdote entraba al Lugar Santísimo a realizar la "purificación del santuario". "Así *purificará el santuario*, a causa de las *impurezas de los hijos de Israel, de sus rebeliones y de todos sus pecados*; de la misma manera hará también al tabernáculo de reunión, el cual reside entre ellos en medio de sus impurezas" (Levítico 16:16).

La dinámica del servicio del Santuario se nos revela de manera simple: El pecado del pueblo en general o de alguien en particular solo se "expiaba" y "perdonaba" a través de la sangre de algún animal sustituto sacrificado en el altar. La sangre del animal sustituto, que representaba la vida y el pecado del ado-

7. Cuando el tabernáculo o "tienda" del desierto fue sustituido por un templo, las cortinas o velos fueron sustituidos por puertas.

rador, era aplicada en el velo interior; y allí se acumulaba, "contaminando" el Santuario. En el Día de la Expiación se purificaba el Santuario de esa sangre que representaba los pecados que el pueblo había cometido durante un año. Ese era el día más sagrado en Israel. Culminaba el año religioso. Si los pecados de alguien no habían sido perdonados en ese día, esa persona era eliminada del pueblo (Levítico 23:29). De modo que, de alguna manera, el Día de la Expiación involucraba una revisión de la vida de cada uno de los hijos de Dios (Levítico 16:30).

Una obra especial

Lo más interesante de todo esto es que el Santuario israelita tiene un sentido universal. No era solo para los judíos. *Todo el servicio del Santuario tiene que ver directamente con la salvación de la humanidad.* La gran verdad ilustrada en el sistema de sacrificios del Santuario era que "la paga del pecado es muerte" (Romanos 6:23), que "sin derramamiento de sangre no se hace remisión" de pecados (Hebreos 9:22). El Hijo de Dios vino a la tierra a tomar el lugar del hombre, a ser nuestro sustituto, a morir "por nuestros pecados" (1 Corintios 15:3). A él señalaban los animales sacrificados en el altar, él fue "el Cordero de Dios, que quita el pecado del mundo" (S. Juan 1:29).

El profeta Isaías describió así al Mesías y Salvador: "Despreciado y desechado entre los hombres, varón de dolores, experimentado en quebranto; y como que escondimos de él el rostro, fue menospreciado, y no lo estimamos. Ciertamente llevó él nuestras enfermedades, y sufrió nuestros dolores; y nosotros le tuvimos por azotado, por herido de Dios y abatido. Mas él herido fue por nuestras rebeliones, molido por nuestros pecados; el castigo de nuestra paz fue sobre él, y por su llaga fuimos nosotros curados. Todos nosotros nos descarriamos como ovejas, cada cual se apartó por su camino; mas Jehová cargó en él el pecado de todos nosotros. Angustiado él, y afligido, no abrió su boca; como cordero fue llevado al matadero; y como oveja delante de sus trasquiladores, enmudeció, y no abrió su boca" (Isaías 53:3-7).

Ese es nuestro precioso Salvador, "quien llevó él mismo nuestros pecados en su cuerpo sobre el madero, para que nosotros, estando muertos a los pecados, vivamos a la justicia; y por cuya herida fuisteis sanados" (1 Pedro 2:24).

Pero Cristo no permaneció en la tumba. Resucitó al tercer día (S. Lucas 24:1-3, 21). Al resucitar, ascendió al cielo para presentar su sangre (Apocalipsis 1:5), es decir, luego de haber retomado su vida para interceder por nosotros (Hebreos 7:25). "¿Quién es el que condenará? Cristo es el que murió; más aun, el que también resucitó, el que además está a la diestra de Dios, el que también intercede por nosotros" (Romanos 8:34).

El apóstol nos habla de un Santuario en el cielo, el "verdadero tabernáculo que levantó el Señor, y no el hombre" (Hebreos 8:1, 2). Ese Santuario, donde Cristo es nuestro "sumo sacerdote" (vers. 1), fue el que sirvió de "modelo" para el Santuario construido por Moisés en esta tierra (Hebreos 8:5). Por eso, Apocalipsis nos habla constantemente de un santuario, tabernáculo o "templo en el cielo" (Apocalipsis 11:19; 15:5, 8).

El Cristo encarnado, Jesucristo hombre, es nuestro único mediador en el cielo (1 Timoteo 2:5). Por medio de la fe podemos "acercarnos, pues, confiadamente al trono de la gracia, para alcanzar misericordia y hallar gracia para el oportuno socorro" (Hebreos 4:16). Ahora tenemos "libertad para entrar en el Lugar Santísimo por la sangre de Jesucristo" (Hebreos 10:19). Por medio de la fe en su sangre tenemos redención y perdón de pecados (Efesios 1:7). En el Santuario celestial, Jesús aplica los resultados de su sacrificio a favor de nuestra vida (Hebreos 9:24). O sea, él se presenta como el sacrificio universal que ofrece acceso al perdón de Dios a todos los pecadores de todos los tiempos.

Pero así como el Santuario de la tierra necesitaba un tiempo de "purificación", también lo necesita el del cielo: "Fue, pues, necesario que las figuras de las cosas celestiales fuesen purificadas así; pero *las cosas celestiales mismas*, con mejores sacrificios que estos. Porque no entró Cristo *en el santuario* hecho de mano, figura del verdadero, sino *en el cielo mismo* para presentarse ahora por nosotros ante Dios; y *no para ofrecerse muchas veces, como entra el sumo sacerdote en el Lugar Santísimo cada año* con sangre ajena" (Hebreos 9:23-25). La profecía de Daniel se refiere a esa purificación del Santuario celestial al fin del tiempo (8:14). En su obra final de expiación, Cristo se propone eliminar el pecado del universo y proclamar la victoria en la vida de todos los que lo han aceptado como su Salvador.

Como ya estudiamos, esa obra de purificación equivale a la obra del juicio. En el juicio celestial, los libros son abiertos (Daniel 7:10) y se analizan los casos y la vida del pueblo. En el libro de Hebreos, capítulo 10, el apóstol, haciendo segura alusión al día final de expiación, habló del día que se acerca, después del cual ya no hay más oportunidad de salvación (vers. 25-27), cuando "el Señor juzgará a su pueblo" (vers. 30).

El juicio actual

Esa obra de juicio, de purificación del Santuario, debe realizarse precisamente antes de la segunda venida de Cristo. Eso lo estudiamos en el capítulo 7 de Daniel. Aunque los profetas y apóstoles de la antigüedad se refirieron constantemente al juicio como un evento futuro (Eclesiastés 12:13, 14; Hechos 17:30, 31; 2 Corintios 5:10; Hebreos 10:30), el Apocalipsis nos habla del momento en que le llega la hora del juicio a los habitantes de la tierra: "Temed a Dios, y dadle gloria, *porque la hora de su juicio ha llegado*; y adorad a aquel que hizo el cielo, la tierra, el mar y las fuentes de las aguas" (Apocalipsis 14:6, 7).

Es interesante notar no solo el hecho de la inminencia y actualidad del juicio, sino que este anuncio es parte de la predicación final del "evangelio eterno" (vers. 6). Según el Apocalipsis, este es tan solo el primero de los tres mensajes que se proclaman antes de la segunda venida de Cristo (vers. 14-15). Todo esto indica que el juicio divino es un evento del presente, no de un futuro lejano.

Este es el momento oportuno para entregarle la vida a nuestro Dios. Esta es la hora precisa en que debemos poner nuestros pecados sobre Cristo, quien murió por ellos. Si lo hacemos, él será nuestro intercesor en el Santuario celestial, defenderá nuestro caso como nuestro "abogado" en el juicio (1 Juan 2:1), y en la corte celestial seremos declarados inocentes. "Ahora pues, ninguna condenación hay para los que están en Cristo Jesús" (Romanos 8:1). Esa bendición puede ser nuestra si "estamos a cuenta" con Dios (ver Isaías 1:18), y arrepentidos y convertidos (Hechos 3:19), si "confesamos nuestros pecados" (1 Juan 1:9), la sangre de Jesucristo nos limpiará "de todo pecado" (1 Juan 1:7). "Acerquémonos, pues, confiadamente al trono de la gracia, para alcanzar misericordia y hallar gracia para el oportuno socorro" (Hebreos 4:16). "He aquí *ahora* el tiempo aceptable; he aquí *ahora* el día de salvación" (2 Corintios 6:2).

Capítulo 7

El rollo del Apocalipsis

La fuente por excelencia de información sobre el futuro universal y de cada ser humano es el libro bíblico de Apocalipsis. En este libro leemos que Dios le reveló al apóstol Juan "las cosas que deben suceder pronto" (Apocalipsis 1:1). No tiene sentido abundar sobre la importancia de estudiar este libro sagrado. Todos quieren entender sus misterios. Precisamente por este mismo hecho, es el libro de la Biblia del que más se ha abusado. El Apocalipsis no es el producto de una sociedad secreta que transmite conocimientos misteriosos a unos pocos iniciados. No, Apocalipsis es una "revelación de Jesucristo",[8] y como tal es parte del "misterio que había estado oculto desde los siglos y edades, pero que ahora ha sido manifestado a sus santos", el misterio que se centra en Jesucristo (Colosenses 1:26, 27).

Ahora bien, esta "revelación de Jesucristo" está profundamente entrelazada con la vida del autor, el apóstol Juan. La historia de Juan era en sí una profecía de los conflictos del pueblo de Dios en el tiempo del fin. Igual que Juan (el último de los apóstoles en fallecer), Dios preservaría un "remanente", su último pueblo, a quien, como a Juan, Satanás perseguiría hasta la muerte. Ese pueblo no sería identificado únicamente por lo que ellos hablarían acerca de Cristo, sino porque Cristo mismo les hablaría. Ellos tendrían, como Juan, el "testimonio

8. Esto es lo que significa "apocalipsis" en el idioma griego del Nuevo Testamento.

de Jesús", el "espíritu de la profecía" (Apocalipsis 19:10). Serían depositarios del último mensaje de amonestación de Dios para los hombres.

Veamos cómo se confirma esta idea de que Apocalipsis es una profecía para confirmar el destino de los hijos:

Juan, el autor

Dios declaró el Apocalipsis enviándole una revelación "por medio de su ángel a su siervo Juan" (1:1). En el Nuevo Testamento hay cinco libros que tradicionalmente han sido atribuidos a la obra de un discípulo de Jesús llamado Juan (S. Mateo 4:21; 10:2). El cuarto Evangelio lleva su nombre, al igual que tres cartas dirigidas a la iglesia universal. Sin embargo, de estos cinco libros, el único que nombra a su autor en sus páginas es el Apocalipsis (ver Apocalipsis 1:4). ¿A qué se debe este hecho? Al parecer, una correcta interpretación del Apocalipsis debe tomar en cuenta al autor, a Juan.

En la historia bíblica, muchas veces Dios ilustraba el mensaje que quería comunicar con la misma vida del mensajero. Por eso hacía pasar al profeta por alguna experiencia que encarnara su mismo mensaje (Jeremías 32:6-15; Ezequiel 4:1-8). En una ocasión, incluso, Dios le ordenó a un profeta que se casara y aun amara a una prostituta, a fin de que estuviera capacitado para entender el amor divino por su pueblo "infiel" (Oseas 1:2-10).

Pues bien, en el Apocalipsis el profeta es un elemento activo en la revelación. A él se le ordena que "suba" (4:1), que venga, que vea (6:1), que coma (10:9). Él mide el templo (11:1), va al desierto (17:3), llora (5:4). Él es parte de toda la trama (13:1). Y este, que en visión es llevado por todas las misteriosas regiones del cielo y de la tierra, no es otro más que "Juan". Su historia seguramente es parte de su mensaje. Su vida, su historia, encierra el futuro de los hijos de Dios en esta tierra.

El discípulo amado

Juan fue uno de los tres discípulos más cercanos a Jesús: Pedro, Santiago y Juan (S. Mateo 17:1; S. Marcos 5:37; 13:3; 14:33; S. Lucas 22:8). Más aún, él fue el preferido entre todos, "el discípulo a quien Jesús amaba" (S. Juan 13:23; 19:26; 20:2; 21:7, 20).

De todos los libros del Antiguo Testamento, el que posee mayor importancia profética es el libro de Daniel. Sus profecías, como ya estudiamos, son las únicas que detallan la secuencia de acontecimientos hasta el establecimiento del pueblo de Dios. Allí, Dios reveló todas las tribulaciones de su pueblo al igual que el tiempo exacto del ministerio y muerte de Cristo (Daniel 9:25-27). Jesús usó el libro de Daniel como una referencia para predecir el futuro del pueblo elegido e instó a leerlo y entenderlo (S. Mateo 24:15). Curiosamente, el hombre que tuvo el privilegio de recibir tan especiales revelaciones de Dios es llamado "muy amado" o "personaje especial" ante la estima de Dios (Daniel 9:23; 10:11, 19). El Apocalipsis continúa en el Nuevo Testamento la revelación iniciada en el libro de Daniel. Allí se muestran las profecías más importantes acerca del segundo retorno de Cristo y las escenas finales de la tierra. Pero Dios eligió a Juan, "el discípulo amado", para darle esa revelación especial. Daniel y Apocalipsis son la obra de personajes "amados" por Dios.

Esos personajes especiales que gozan de especial relación con Dios son los depositarios de sus más íntimas revelaciones. Moisés, a quién Dios le reveló el fundamento de toda la revelación bíblica,[9] tuvo una relación con Dios íntima y especial: "Y hablaba Jehová a Moisés *cara a cara*, como habla cualquiera a *su compañero*" (Éxodo 33:11). "Y nunca más se levantó profeta en Israel como Moisés, a quien haya conocido Jehová *cara a cara*" (Deuteronomio 34:10). Abraham es el único personaje

9. Moisés escribió los primeros cinco libros de la Biblia, llamados "Pentateuco", que los judíos lo consideran su "ley".

en la Biblia a quién el mismo Dios llama "mi amigo" (Isaías 41:8; 2 Crónicas 20:7; Santiago 2:23).

Juan era un "amigo especial" de Jesús. Por eso Jesús lo honra con su más importante revelación. Así, el Apocalipsis es el resultado de una revelación íntima y especial entre amigos, entre Cristo y Juan, el discípulo amado, cuyo rostro se posaba sobre el pecho de su Maestro en la última cena. Juan fue elegido como mensajero de la revelación divina. Por lo mismo, solo los que deciden sostener ese tipo de relación con Cristo pueden descubrir sus misterios. "La comunión íntima de Jehová es con los que le temen, y a ellos hará conocer su pacto" (Salmos 25:14) "Vuelve ahora en *amistad con él*, y tendrás paz; y por ello te vendrá bien" (Job 22:21).

El apóstol

Juan fue un líder de la iglesia cristiana primitiva (Hechos 4:1-13; Gálatas 2:9). Él fue "un apóstol" (S. Mateo 10:1, 2; Hechos 8:14). Aunque la palabra "apóstol" se usa para nombrar cualquier persona u objeto que es "enviado", en el Nuevo Testamento se usa muchas veces para referirse a un grupo especial. Los Evangelios nos hablan de "doce" discípulos de Cristo (S. Mateo 10:2), "a los cuales él también llamó *apóstoles*" (S. Lucas 6:13). Ellos serían por la eternidad un grupo privilegiado. Compartirían con Cristo su posición de Juez en "doce tronos" (S. Mateo 19:28). Estos hombres conocieron a Cristo de manera personal, no por medio de otro, ni de un sueño o revelación; anduvieron con él y recibieron su comisión y ordenación directamente de él (S. Mateo 10:1, 5; S. Juan 6:70). Esas eran las características requeridas para ser llamado "apóstol" (Hechos 1:20-22). Pablo fue llamado "apóstol" (Romanos 1:1; 11:13; 1 Corintios 1:1; Gálatas 1:1), porque Jesús se le apareció personalmente (Hechos 9:3-7; 1 Corintios 15:7, 8). Pablo fue enseñado directamente por Cristo (Gálatas 1:11, 12). Por eso reclama: "¿No soy apóstol?.. *¿No he visto a Jesús el Señor nuestro?*" (1 Corintios 9:1).

Juan enfatiza en todos sus escritos el hecho de que él es un testigo que ha visto y oído y contemplado con sus ojos lo que predica (1 Juan 1:1-4; S. Juan 19:35; 21:24). Esto es parte de lo que lo hace un "apóstol". "La doctrina de los apóstoles" es el fundamento de la iglesia cristiana (Hechos 2:42; Efesios 2:20). Como testigos y receptores directos de las enseñanzas de Cristo, podían resolver los más difíciles conflictos de manera efectiva (Hechos 15). Ellos velaron por la pureza de la iglesia en obra y en doctrina (Romanos 6:17; 2 Tesalonicenses 2:15).

El último

Una tradición primitiva confiable afirma que Juan fue el último de los apóstoles en morir. A este asombroso hecho se debe el rumor —constatado en la Biblia— de que Cristo le prometió a Juan que permanecería vivo hasta su regreso (S. Juan 21:21-23). Aunque esto no ocurrió, Juan fue el último de un linaje de hombres especiales que mantenían el evangelio en su pureza original.

La iglesia ya estaba plagada de herejías en la etapa final de la vida de Juan. El mismo apóstol habló de personas que "engañaban" a la iglesia con falsas doctrinas y actitudes (1 Juan 2:26), a las que les hizo frente directamente (1 Juan 4:1-6; 2 Juan 7-11; 3 Juan 9, 10). Así, mientras vivió, se erigió en una columna usada por Dios para sostener a su iglesia fiel a la doctrina pura, "la fe que ha sido una vez dada a los santos" (Judas 3).

Un profeta

Curiosamente, en el Apocalipsis Juan no se llama a sí mismo "apóstol", sino "siervo". Juan es un "siervo de Dios". El Apocalipsis es la revelación de Jesucristo "por medio de su ángel a *su siervo Juan*" (1:1). Pero también Juan se refiere a Moisés como "siervo de Dios" (15:3). En el Antiguo Testamento aparece esta expresión frecuentemente para referirse a Moisés (Éxodo 14:31; Números 12:7). Esto se debe al hecho de que

Moisés transmitía mensajes directos de Dios (Éxodo 4:10). Desde entonces a todos los "profetas", es decir, los que recibían y transmitían mensajes directos de Dios, se los llama "siervos" de Dios (2 Reyes 9:7; 17:13, 23; 24:2; Esdras 9:11; Jeremías 7:25; 25:4; 26:5; 35:15; 44:4; Ezequiel 38:17; Daniel 9:6, 10; Zacarías 1:6). "Siervos" son aquellas personas a las que Dios les revela sus "secretos": "Porque no hará nada Jehová el Señor, sin que revele su secreto a *sus siervos los profetas*" (Amós 3:7).

De modo que cuando Juan se autodenomina "siervo", enfatiza su rol como "profeta" o instrumento especial de revelación.

Perseguido

Juan estaba padeciendo tribulación cuando escribió el Apocalipsis. Una antigua tradición cristiana nos cuenta que él fue desterrado por el emperador romano Domiciano al final del primer siglo. Aparte de la apostasía interna, la iglesia soportaba entonces la persecución de los romanos. El emperador había requerido que todos los ciudadanos quemaran incienso en su honor (un acto de adoración) y que lo reconocieran como "Señor". Como los cristianos se negaron, pagaron su fidelidad con sus vidas. Mucho del lenguaje de Apocalipsis se explica, en su aplicación primaria, como una denuncia al emperador y al imperio, y una amonestación a la iglesia a mantenerse fiel.

El hecho de que Juan escribiera el Apocalipsis mientras *era perseguido* es un elemento clave para entender sus profecías. "Yo Juan, vuestro hermano, y copartícipe vuestro *en la tribulación*, en el reino y en la paciencia de Jesucristo, *estaba en la isla llamada* Patmos, por causa de la palabra de Dios y el testimonio de Jesucristo" (1:9). El depósito de la fe estaba en peligro. El último de los "testigos transmisores" estaba al borde de la muerte y en persecución. Desde el punto de vista humano la supervivencia de la iglesia dependía mucho de lo que Juan hiciera antes de morir.

Un maestro

¿Se acabaría la transmisión del evangelio puro con la muerte del último de los apóstoles? En ese momento de crisis, Dios usó una antigua estrategia. En un tiempo de apostasía general, Dios levantó con Samuel lo que se ha dado en llamar "la escuela de los profetas" (1 Samuel 10:5, 10-12; 19:20; 1 Reyes 18:13). Estos fueron discípulos de profetas especiales como Samuel, Elías y Eliseo, que recibieron la revelación divina, la preservaron y la transmitieron. Muchas veces se los llama "hijos de los profetas" (1 Reyes 20:35; 2 Reyes 2:3, 5, 7, 15; 4:1, 38; 5:22; 6:1; 9:1).

En los escritos de Juan detectamos un grupo de personas allegadas a él, a quienes enviaba como sus representantes (3 Juan 6-9). Son sus "hijitos" (1 Juan 2:1, 12, 13, 18), sus "amados" (1 Juan 3:2, 21; 4:1, 7, 11). "Hijitos" era una forma en que Jesús se dirigía a sus discípulos (S. Juan 13:33; 21:5).[10]

De modo que Juan tiene alrededor de sí *un grupo de discípulos especiales* que imitan la acción de su maestro, al estilo de "la escuela de los profetas". Notemos el primer verso del Apocalipsis: "La revelación de Jesucristo, que Dios le dio, para manifestar *a sus siervos* las cosas que deben suceder pronto; y la declaró enviándola por medio de su ángel a *su siervo Juan*" (1:1). Notemos este otro texto: "Estas palabras son fieles y verdaderas. Y el Señor, el Dios de los espíritus *de los profetas*, ha enviado su ángel, para mostrar *a sus siervos* las cosas que deben suceder pronto" (22:6). El sentido es claro: el Apocalipsis va dirigido a un grupo de "siervos" (profetas) por medio del "siervo" (principal profeta) Juan. Notemos que el mensaje que Juan recibe de Cristo no lo escribe directamente a las iglesias (1:11), sino a los "ángeles"[11] de las iglesias (2:1, 8, 12, 18; 3: 1, 7, 14). Estos son los líderes profetas de cada iglesia que reciben instrucción directamente de Juan.

10. Este dato solo se encuentra en el Evangelio de Juan.
11. La palabra "ángel" significa "mensajero".

En resumen, Juan fue el discípulo amado, un apóstol de Jesucristo, quien entregó el último y más importante testimonio apostólico acerca de Jesús; un profeta perseguido y rodeado de una escuela de discípulos enviados para proclamar su mensaje. Así, la historia de Juan fue en sí un referente profético para los conflictos que el pueblo de Dios enfrentaría en el tiempo del fin. Esto lo desarrollaremos más adelante.

Juan tal vez nunca supo que su historia y tragedia personal constituiría una lección para otros. Cuando nos sometemos a la autoridad divina, aun nuestros aparentes fracasos son utilizados por Dios para bendecir.

Capítulo 8

El sentido de los eventos

Dios le dio a Juan una visión (Apocalipsis 1:10). Una voz como de trompeta detrás de él se identificó como "el primero y el último". La voz le ordenó escribir "lo que ves", para que lo enviara a las iglesias (vers. 10, 11). Cuando se dio vuelta para identificar a quien le hablaba, observó la siguiente escena: "Vi siete candeleros de oro, y en medio de los siete candeleros, a uno semejante al Hijo del Hombre, vestido de una ropa que llegaba hasta los pies, y ceñido por el pecho con un cinto de oro..." (vers. 12-18).

Jesús se le presenta a Juan en toda su gloria. Le explica que los siete candeleros son "las siete iglesias" y que las siete estrellas que Jesús tiene en su mano derecha son los siete "ángeles" líderes, profetas de las iglesias (vers. 20). El mensaje de la visión es claro: Jesús está caminando en medio de la iglesia. La iglesia está bajo su cuidado. Él la tiene en sus manos. Aun en situaciones desesperantes, los hijos de Dios están bajo su cuidado especial.

En los capítulos 2 y 3 de Apocalipsis encontramos siete mensajes especiales que Dios envía a las iglesias. En los capítulos 4 y 5 se presenta a Dios en su trono, en el cielo, con un libro sellado. A esta escena le sucede la apertura de los siete sellos, que producen varios acontecimientos en la tierra (6:1-8:2).

Cielo y tierra

Podemos detenernos aquí para observar un hecho interesante. La primera visión se sitúa en el cielo (Jesús camina en medio de los candeleros). A esta sigue una visión referida a sucesos que ocurren en la tierra (la carta a las siete iglesias). Luego se presenta una visión en el cielo (el trono celestial y el libro sellado), a lo que sigue una visión conectada con la tierra (los eventos de cada sello). *A cada visión de un acontecimiento en el cielo, sigue una visión de un hecho en la tierra. Este es un modelo para todo el libro de Apocalipsis.*

Podríamos diagramar todas las visiones de Apocalipsis de la manera siguiente:

Eventos en el cielo	Eventos en la tierra
1. Jesús y los candeleros (1:12-20)	2. Las siete iglesias (2-3)
3. El trono y el libro (4-5)	4. Los siete sellos (6:1-8:1)
5. El ángel en el altar (8:3-5)	6. Las siete trompetas (8:6-11:18)
7. El templo y el arca (11:19)	8. El gran conflicto (12-14)
9. El templo en el cielo (15:5-8)	10. El castigo (16:1-18:24)
11. La invitación (19:1-10)	12. El fin del conflicto (19:11-20:15)
13. La Santa Ciudad (21)	14. LaTierra Nueva (22)

El sentido de la vida

Como ya vimos, *la secuencia de eventos se inicia en el cielo y continúa en la tierra*. Pero podemos observar un detalle aún más interesante. *El evento que se inicia en el cielo explica el siguiente evento en la tierra:* Jesús camina entre los candeleros en el cielo y esto explica el mensaje a las iglesias en la tierra. El Cordero con el libro sellado en el cielo explica la apertura de los sellos en la tierra, y así sucesivamente.

Las dos grandes verdades que se desprenden de la estructura general del Apocalipsis son las siguientes: En primer lugar, *los acontecimientos que vemos no se originan en la tierra. Solo vemos la mitad de la verdad, nunca conocemos la realidad total.* En segundo lugar, *la clave para entender los eventos que nos suceden en la tierra, no está precisamente aquí en la tierra, sino en el cielo.*

El sentido de los eventos

Recuerdo cuando una de mis hijitas, a quien le gusta armar rompecabezas, me pidió ayuda para terminar uno. Observé el paisaje, comparé los colores, las formas, los tamaños, y busqué entre el montón de piezas dispersas para llenar los segmentos incompletos. Buscaba una combinación específica de piezas. Sin colocar estas no podía colocar las siguientes. Tratamos todas las formas, todas las posiciones, pero fue en vano. Esa fue mi excusa para abandonar el juego. Unos días más tarde encontré unas piezas de rompecabezas en el patio. Las tomé, las puse en el hueco del paisaje... y ¡eureka! El cuadro estaba completo.

Es imposible completar un cuadro cuando no tenemos todas las piezas. Aunque es difícil de aceptar, el mensaje de Apocalipsis es muy claro: No tenemos todas las piezas para completar el cuadro. Es absurdo tratar de armar el paisaje con las piezas incompletas que tenemos. Debemos reconocer que no tenemos todas las piezas. *Sí, la vida tiene sentido, existe un paisaje hermoso, un cuadro de lo que somos y seremos. Pero ese sentido de la vida no está en la tierra. Tenemos que mirar al cielo, a Dios.*

Comprender esto me ha ayudado mucho. Nuestra visión es muy limitada, nunca podremos comprender plenamente lo que nos pasa. Tratando de razonar de causa a efecto, a veces solo sufrimos los *efectos* y no vemos las *causas*. Entonces nos preguntamos ¿por qué?

Cuando vieron un ciego en el camino, los discípulos le preguntaron a Jesús: "¿Quién pecó, éste o sus padres, para que haya nacido ciego? Respondió Jesús: No es que pecó éste, ni sus padres, sino para que las obras de Dios se manifiesten en él" (S. Juan 9:1-3). Cuando no encontramos las causas de lo que nos pasa o de lo que pasa a nuestro alrededor, generalmente las inventamos. Muchas veces esto degenera en echarle la culpa a los demás o a nosotros mismos. Pero la respuesta de Jesús indica claramente que muchas de las cosas que vemos aquí en la tierra no se originan en la tierra, ni su propósito se limita a nosotros. Existen razones que están por encima de nosotros.

La culpa

En la historia de Job se ilustra claramente este principio. Job era un hombre justo que vivía en una correcta relación con Dios, con su familia y la sociedad. Pero un día su mundo se derrumbó: perdió todo su ganado, sus propiedades y, más aún, todos sus hijos. La noticia de una tragedia se juntaba con la de la siguiente. Finalmente su salud se deterioró, una misteriosa enfermedad arropó su cuerpo y lo llevó a una situación de dolor y desesperación.

Todo lo narrado hasta aquí acerca de Job se menciona en los primeros dos capítulos del libro que lleva su nombre. El resto del libro se dedica a la historia de la peor de las aflicciones: Tres "amigos" que lo visitaron para "consolarlo". Tristemente, estos (como nosotros) eran de los que trataban de encontrar explicaciones. Al no encontrar una razón externa, buscaron la explicación en Job: "Algo muy malo debió haber hecho. Dios lo está castigando por algún pecado escondido. Arrepiéntete Job y deja de sufrir". Decidieron que Job era el culpable de su tragedia.

Y *la culpa es la peor de las tragedias.* Esta es la última palabra que necesita oír alguien que sufre. El razonamiento de los "amigos" de Job funciona de manera mecánica: Te ocurre algo malo cuando haces algo malo; te ocurren cosas buenas cuando haces cosas buenas. Este razonamiento es ciego, no logra ver que las cosas buenas y malas suceden indistintamente a malos y buenos. Peor aún, hace que el que sufre se auto justifique y culpe a Dios cuando no encuentra dentro de sí la razón de su dolor. Si la maquinaria de causa y efecto no está produciendo los resultados adecuados, entonces hay que culpar al que mantiene el mecanismo, supuestamente Dios. *El que comienza disculpándose a sí mismo termina culpando a Dios.*

Lamentablemente, Job se dejó llevar a la trampa. Cuando fue acusado, se defendió, y al hacerlo culpó a Dios y lo cuestionó: "¿Por qué? ¿Qué he hecho? ¿Qué culpa tengo? ¿No crees que sea injusto lo que me pasa? Si eres todopoderoso, ¿por qué permites esto? ¿O serás tú mismo la causa de mi desgracia? ¿No es que acaso me amabas? (Ver Job 31.)

El sufrimiento

Cuántas veces he escuchado el mismo razonamiento: "Dios es un monstruo o un ser incompetente, y así será hasta que resuelva el problema del sufrimiento". Esto me lo dijo un profesor en la universidad. El razonamiento es: Si Dios existe, ¿por qué sufrimos? La existencia del dolor es incompatible con la posibilidad de la existencia de Dios. Esta idea, que parece tan sólida, es más "emocional" que lógica. Una vez vi y oí a una muchacha amargada que le gritaba a sus padres mientras se alejaba de su casa: "*¡Ustedes* no existen! *¡Nunca existieron!*". Siempre me pregunté a quiénes se refería la muchacha cuando hablaba de "ustedes". Creo que en parte se dirigía a Dios. Así, cuando no entendemos algo y acusamos a Dios, es como decirle *no existes.*

Razonamos en un universo muy cerrado. Cuando el dolor se sienta en el trono de nuestra mente, se trastoca toda la visión de Dios y de la realidad. Dios "desaparece", que es una forma de "castigarlo". De sacarlo de nuestra vida. Y así toda la percepción de las cosas se torna cínica.

Detrás del telón

Hoy, quienes leemos el libro de Job, sabemos algo que Job no supo. El libro se inicia con una escena cósmica, en el concilio celestial de los representantes de los mundos poblados (Job 1:6-12; 2:1-7). Un conflicto de grandes dimensiones ponía en duda no solo a Dios sino a toda la estabilidad del universo. En el desenlace del drama se le permite a Satanás que aflija a Job. Pero Job nunca supo qué estaba detrás del telón, solo vio el *efecto* en su vida, pero no la *causa.*

No estoy diciendo que el drama del conflicto universal es

una "explicación suficiente" para el problema del dolor. Incluso, en el mismo libro de Job, no se afirma esto. Dios vino aparentemente a "explicarle" a Job lo que sucedía (Job 38-41). No puedo negar que cuando leí la historia por primera vez, esperaba oír de Dios alguna explicación como la siguiente: "Job, yo no soy el culpable. Debo explicarte que es Satanás quién te está afligiendo, no yo".

Pero Dios no se defiende, incluso asume la culpa por la tragedia; y básicamente le dice a Job: "Yo te lo explicaría si tuvieras la capacidad de entenderlo". Y para reafirmar su idea, Dios le pregunta si cree que tiene el poder y la sabiduría para crear o al menos entender los misterios del universo; tales como el curso de las estrellas, el movimiento del mar, o cosas tan simples como las costumbres de los pájaros y las profundidades del océano. No es que Dios haya querido humillar a Job; estaba tratando de mostrarle lo que es muy obvio: el *universo está lleno de misterios que no entendemos.* Esta verdad nos parece muy lógica para entender la realidad, excepto la de nuestro propio dolor. ¿No es posible acaso que el misterio del dolor sea más grande que los misterios del sol?

Búsqueda de explicaciones

Ante el dolor, la mente busca explicaciones. Pero *la Biblia no es una respuesta al problema del dolor. La Biblia es una revelación de la sabiduría, poder y amor de Aquel que sí tiene la respuesta.* La Biblia no nos provee una respuesta al sufrimiento, pero sí nos revela a un Dios de amor. No se trata entonces de *entender* sino de *confiar.*

La principal historia bíblica nos presenta a un Dios que se hace hombre ¡y sufre!, y también muere preguntando "¿por qué?" (S. Mateo 27:46). *Cristo no vino al mundo a explicarnos el sufrimiento, sino a asumirlo; no vino a darnos una teoría, sino la posibilidad de la redención.* No descendió del cielo para transmitirnos el secreto de la sabiduría universal, sino a mostrarnos que vale la pena confiar en Aquel en quien se centran todos los misterios.

Ante la imposibilidad de una respuesta prematura, Dios eligió darnos la prueba de su amor infinito (S. Juan 3:16; Romanos 5:8). *La muerte de Cristo en la cruz no es la respuesta al dolor, es la alternativa.* El Apocalipsis expresa el drama de personas que sufren (3:10). Manifiesta el clamor de los que en desesperación preguntan y claman: "¿Hasta cuándo, Señor?" (6:10). Pero la respuesta está en esperar hasta el momento cuando el "misterio de Dios se consumará" (10:7).

El mensaje de toda la Biblia en general y del Apocalipsis en particular es que vale la pena confiar en Dios; que un día lo entenderemos; que su amor triunfará y que él se nos revelará como un Dios en extremo sabio y justo (15:3).

Capítulo 9

Alabemos al Cordero

Cuando hablé con ella por primera vez, ya había sido golpeada por su hijo. Todo comenzó con rabietas y rebeldías, como cualquier adolescente. Ahora, la impotencia del muchacho de no poder comprar droga la descargaba sobre su madre cuando ella no encontraba ya qué darle. Ese día también supe que le habían diagnosticado cáncer de mama.

Pero ella no era viuda ni divorciada. Había un hombre en la casa. Él también era parte de su problema. Precisamente por él yo la estaba visitando en su casa. La semana anterior él había retirado del banco todo el dinero que habían ahorrado para el pago inicial de una casa. Después de muchas mentiras, él finalmente le confesó que se estaba divorciando de ella y que ya tenía otra mujer.

Ella no me había invitado a su casa. Simplemente fui porque alguien la notó muy deprimida y me contó que había intentado suicidarse. Traté de ayudarla. Le dije de muchas maneras que su vida no estaba terminada, que había muy buenas razones para vivir, que aunque algunas puertas se habían cerrado, todavía había una puerta abierta para ella. Entonces levantó su cabeza y me dijo con cierto sarcasmo: "¿Dónde? ¿Dónde? ¡Dígame dónde!"

Esas preguntas, que sonaban más bien a una interrogación, fueron la ocasión para que abriera la Biblia y leyera lo siguiente: "Después de esto miré, y he aquí una puerta abierta en el cielo" (Apocalipsis 4:1). Efectivamente, ¡hay una puerta abierta *en el cielo*! Jesús se nos presenta como quien "tiene la llave...", quien "abre y ninguno cierra, y cierra y ninguno abre" (Apocalipsis 3:7); y nos dice: "He puesto delante de ti una puerta abierta, la cual nadie puede cerrar" (vers. 8).

Cuando el futuro solo se percibe negro y perturbador, cuando no tenemos esperanza, debemos alzar la vista, mirar a Jesús. "Poned la mira en las cosas de arriba, no en las de la tierra" (Colosenses 3:2). Es imposible que lo que llena nuestra mente no controle nuestra vida. Por eso Dios nos invita a mirar arriba. "Y la primera voz que oí, como de trompeta, hablando conmigo, dijo: Sube acá, y yo te mostraré las cosas que sucederán después de estas" (Apocalipsis 4:1). Juan nos cuenta lo que vio: "Y al instante yo estaba en el Espíritu; y he aquí, un trono establecido en el cielo, y en el trono, uno sentado. Y el aspecto del que estaba sentado era semejante a piedra de jaspe y de cornalina; y había alrededor del trono un arcoíris, semejante en aspecto a la esmeralda" (vers. 2, 3).

No debemos olvidar que Dios está sentado en el trono. En medio del aparente caos y la arbitrariedad de las tragedias que nos golpean, está la soberana voluntad de Dios buscando el bien de sus hijos. "Sabemos que a los que aman a Dios, todas las cosas les ayudan a bien, esto es, a los que conforme a su propósito son llamados" (Romanos 8:28). Nuestro Dios tiene el control de todas las cosas.

Además leemos que el trono está rodeado de un arco iris. Esta es la señal del pacto que Dios hizo con la humanidad (Génesis 9:11-13) después del Diluvio, asegurándole que las aguas nunca más destruirían la tierra. "Y sucederá que cuando haga venir nubes sobre la tierra, se dejará ver entonces mi arco en las nubes" (vers. 14). Cuando las tormentas se levanten, cuando las nubes nos oculten la luz del sol, el arcoíris nos recuerda que no estamos acabados, que hay esperanza, que Dios cumplirá sus promesas en Cristo Jesús.

Libro bendito

Luego de la escena de adoración que recorre todo el capítulo 4, el que "estaba sentado en el trono" muestra un libro "sellado con siete sellos (Apocalipsis 5:1). Entonces un ángel exclama: "¿Quién es digno de abrir el libro y desatar sus sellos? (vers. 2). Muy preocupado, Juan ve que no hay nadie en el cielo ni en la tierra digno de abrir el libro. Su preocupación se convierte en llanto, hasta que uno de los ancianos lo consuela: "No llores. He aquí que el León de la tribu de Judá, la raíz de David, ha vencido para abrir el libro y desatar sus siete sellos" (vers. 5).

Juan dirige nuevamente su vista al majestuoso trono, y ve allí a un Cordero que había sido muerto pero que ahora está vivo y lleno del poder del Espíritu. Cuando ese humilde Cordero toma el rollo, los seres vivientes y los ancianos entonan un nuevo cántico: "Digno eres de tomar el libro y de abrir sus sellos; porque tú fuiste inmolado, y con tu sangre nos has redimido para Dios, de todo linaje y lengua y pueblo y nación; y nos has hecho para nuestro Dios reyes y sacerdotes, y reinaremos sobre la tierra" (vers. 9, 10). Todo ser creado, tanto en el cielo como en la tierra, une sus voces en el cántico: "Al que está sentado en el trono, y al Cordero, sea la alabanza, la honra, la gloria y el poder, por los siglos de los siglos" (vers. 13).

¿Qué significa este libro? ¿Por qué es tan importante? Un libro sellado expresa enigmas indescifrables, razones nunca entendidas y muchos "por qué" sin respuestas. Como la vida. Pero Dios tiene el libro en la mano. Dios tiene los secretos de todas nuestras preguntas. Las cosas que no entendemos, los libros sellados de nuestra historia, están en las manos del Ser que más nos ama y sabe lo que nos conviene.

Específicamente, este libro tiene un antecedente en el Antiguo Testamento: Había en el Lugar Santísimo del Santuario un libro que estaba ubicado "al lado del arca del pacto" (Deuteronomio 31:26). Así, el Apocalipsis muestra lo que ocurre en el Lugar Santísimo del Santuario celestial. El libro en la mano de Dios es el libro del pacto de Dios con sus hijos. Esta escena nos recuerda que Dios cumplirá el "pacto eterno" de salvación (Hebreos 13:20) con nosotros. Ese también es el sentido del arco iris alrededor del trono. "No olvidaré mi pacto, ni mudaré lo que ha salido de mis labios" (Salmos 89:34).

Este libro es la Palabra de Dios que le asegura a cada ser humano que hay salvación, que existe una salida, que hay una promesa de un futuro glorioso en la mano de Dios. Todo gracias al Cordero, Cristo Jesús.

Cristo en el centro de la escena

El propósito de la revelación divina de Apocalipsis es mostrarnos la gloria de Cristo, y con ello la esperanza que se abre para cada ser humano que habita en este planeta mortal. Cristo es el alfa y la omega, el principio y el fin, el centro mismo del mensaje bíblico, la bendita esperanza en la que descansa cada alma fatigada en este mundo.

Las Escrituras revelan un Dios que tiene como única preocupación la salvación de la humanidad. Los miembros de la Deidad están aliados en la obra de restaurar en los seres humanos la relación íntima con su Creador. El apóstol Juan ya había destacado en su Evangelio el amor de Dios con palabras dulces y muy significativas: "Porque de tal manera amó Dios al mundo, que ha dado a su Hijo unigénito, para que todo aquel que en él cree, no se pierda, mas tenga vida eterna" (Juan 3:16).

Y también Juan había declarado en su primera epístola: "Dios es amor" (1 Juan 4:8). El Dios todopoderoso que extiende la invitación a ser salvos por su amor requiere la decisión de cada persona (Apocalipsis 3:20, 21). La coerción, que es todo lo contrario a una invitación, no es parte de su estrategia amorosa.

Cuando Adán y Eva pecaron, Dios tomó la iniciativa al ir en su busca. Los miembros de la pareja culpable, al oír el sonido de la voz de su Creador, no corrieron gozosos a encontrarse con él como lo habían hecho antes. En vez de ello, se ocultaron. Pero Dios no los abandonó. Con persistencia divina continuó llamando: "¿Dónde están?" Con profunda pena, Dios describió las consecuencias de su desobediencia, el dolor, las dificultades con que se encontrarían. Sin embargo, aun frente a su situación absolutamente desesperada, reveló un plan maravilloso que prometía obtener la victoria final sobre el pecado y la muerte (Génesis 3:15).

Así, las buenas nuevas de Apocalipsis 4 y 5 son "que Dios estaba en Cristo reconciliando consigo al mundo" (2 Corintios 5:19). Su acto de reconciliación restaura la relación entre Dios y la raza humana. El texto señala que este proceso reconcilia a los pecadores con Dios, y no a Dios con los pecadores. La clave para llevar a los pecadores de vuelta a Dios es Jesucristo. El plan de reconciliación que Dios ha establecido es una maravilla de condescendencia divina. Dios tenía todo el derecho a dejar que la humanidad pereciera.

Como ya lo dijimos, fue Dios quien tomó la iniciativa para restaurar la relación quebrantada. "Siendo enemigos —dijo Pablo—, fuimos reconciliados con Dios por la muerte de su Hijo" (Romanos 5:10). En consecuencia, "también nos gloriamos en Dios por el Señor nuestro Jesucristo, por quien hemos recibido ahora la reconciliación" (Romanos 5:11).

Muchos cristianos asocian —y limitan— la reconciliación exclusivamente con la expiación, es decir con los efectos redentores de la encarnación, los sufrimientos y la muerte de Cristo. Sin embargo, en los servicios del Santuario, la expiación no solo implicaba la muerte del cordero del sacrificio, sino que incluía también la ministración sacerdotal de su sangre derramada en el Santuario mismo (ver Levítico 4:20, 26, 35; 16:15-18, 32, 33). En armonía con la Biblia, la expiación puede referirse tanto a la muerte de Cristo como a su ministerio intercesor en el Santuario celestial. Allí, como Sumo Sacerdote, aplica los beneficios de su completo y perfecto sacrificio expiatorio para logar la reconciliación de los seres humanos con Dios.

Una nueva relación con Dios.

El sacrificio expiatorio de Cristo en la cruz del Calvario marcó el punto de retorno en la relación entre Dios y la humanidad. A pesar de que hay un registro de los pecados de cada uno de nosotros en los libros del cielo, Dios no nos imputa los pecados a causa de la reconciliación lograda por Cristo (2 Corintios 5:19). Esto no significa que Dios deja de lado el castigo, o que el pecado ya no despierta su ira. Significa que Dios ha encontrado una forma de conceder el perdón a los pecadores arrepentidos, sin dejar por eso de exaltar la justicia de su eterna ley.

Según Apocalipsis, toda la humanidad adorará a Dios el Padre porque fue él quien presentó a su Hijo "como propiciación" (Romanos 3:25; en griego *hilasterion*). El uso del término *hilasterion* en el Nuevo Testamento no tiene nada que ver con la noción pagana de "aplacar un dios airado" o "apaciguar a un dios vengativo, arbitrario y caprichoso". El texto revela que Dios decidió, por su misericordia, presentar a Cristo como la propiciación de su santa ira sobre la culpabilidad humana. Aceptó a Cristo como el representante del hombre y el sustituto divino para recibir su juicio sobre el pecado. El mismo Dios que reclamaba *justicia* por la violación de su ley satisfizo esa demanda de justicia por su *gracia* al entregar a su Hijo en propiciación por el pecado de cada uno de nosotros. Así, en Cristo, "la misericordia y la verdad se encontraron; la justicia y la paz se besaron (Salmo 85:10).

El carácter de Dios revela una unión especialísima de gracia y justicia: Él tiene voluntad de perdonar al pecador, pero tampoco quiere dar por inocente al malvado (Éxodo 34:6, 7).

Desde esta perspectiva se puede comprender la descripción que hace Pablo de la muerte de Cristo como ofrenda y sacrificio a Dios en "olor fragante" (Efesios 5:2; compárese con Génesis 8:21; Éxodo 29:18; Levítico 1:9). La muerte y resurrección de Cristo abrió la puerta del cielo (Apocalipsis 4:1) para el hombre mortal y restableció la relación de la humanidad con el Eterno.

El hecho de experimentar la gracia de Dios, que nos ofrece como un don gratuito la vida perfecta de obediencia de Cristo, así como su justicia y su muerte expiatoria, nos lleva a establecer una relación más profunda con Dios. Surgen la gratitud, la alabanza y el gozo. La obediencia se convierte en una delicia, el estudio de su Palabra en un deleite, y la mente llega a ser la morada del Espíritu Santo. Se establece así una nueva relación entre Dios y el pecador arrepentido. Es un compañerismo basado en el amor y la admiración, antes que en el temor y la obligación moral (ver Juan 15:1-10).

Mientras más comprendamos la gracia de Dios a la luz de la cruz, menos inclinados nos sentiremos a la justicia propia, y más nos daremos cuenta de cuán bendecidos somos. El poder del mismo Espíritu Santo que operaba en Cristo cuando se levantó de los muertos transformará nuestras vidas. En vez de experimentar fracasos, viviremos una victoria cotidiana sobre el pecado.

Este es el sentido de Apocalipsis 4 y 5: Alabar a Dios porque tú y yo podemos entrar por la puerta que Cristo abrió en los cielos. Tú puedes tener la vida eterna. Solo falta que aceptes el sacrificio expiatorio del Cordero.

"He aquí, yo estoy a la puerta y llamo; si alguno oye mi voz y abre la puerta, entraré a él, y cenaré con él, y él conmigo" (Apocalipsis 3:20). Esta es la invitación que Jesús extiende a cada alma afligida.

Aquella dama —con la que comenzamos el capítulo—, afligida por el cáncer y por la sensación de fracaso ante el derrumbe familiar, aceptó la invitación de Jesús. Halló en la Palabra de Dios la fortaleza de ánimo para remontar vuelo en medio de las turbulencias de su vida cotidiana. Aceptó la promesa hecha a todo creyente: "Porque el Cordero que está en medio del trono los pastoreará, y los guiará a fuentes de aguas de vida; y Dios enjugará toda lágrima de los ojos de ellos" (Apocalipsis 7:17). Y hoy tiene paz por el perdón de sus pecados y esperanza por la promesa de la pronta venida de Cristo.

Capítulo 10

Represalia

Ha llegado el momento de estudiar los tres capítulos centrales del Apocalipsis. Estos capítulos están llenos de símbolos misteriosos. La Biblia es la única que puede darnos la clave para comprenderlos. El primero de ellos está en Apocalipsis 12. Recomiendo encarecidamente que tengas una Biblia abierta en este capítulo del libro mientras lees estas líneas.

Aparece una mujer a punto de parir y rodeada del sol, la luna y las estrellas (vers. 1, 2). Luego aparece un gran dragón con siete cabezas y diez cuernos, cuya cola echaba por tierra la tercera parte de las estrellas del cielo (vers. 3, 4).

Ahora comienza la acción: el dragón se para frente a la mujer para devorar a su hijo tan pronto nazca (vers. 4). La mujer da a luz un hijo varón destinado a gobernar el mundo, pero su hijo es arrebatado hasta el trono de Dios (vers. 5). Al ver que no pudo destruir al hijo, el dragón persigue a la mujer (vers. 6). Luego se presenta una escena de batalla en el cielo entre el dragón y un personaje llamado "Miguel". El dragón es derrotado y lanzado en tierra con sus ángeles (vers. 7-12). Luego sigue la narración de la mujer perseguida (vers. 13-15). Pero la mujer logra escapar (vers. 16). Finalmente, el dragón, airado contra la mujer, persigue "al resto de la descendencia de ella", que son identificados como "los que guardan los mandamientos de Dios y tienen el testimonio de Jesucristo" (vers. 17).

¿Cuál será el mensaje de estas escenas? ¿Qué intereses están involucrados en este conflicto? ¿Por qué el dragón persigue al recién nacido y pelea contra Miguel?

Guerra en el cielo

La verdad es que Apocalipsis 12 parece una película de terror. Se inicia con una mujer que clama de dolor, mientras una serpiente, un dragón, espera el nacimiento de su hijo para devorarlo. ¿A qué se debe esa crueldad? ¿Quién es ese niño? ¿Quién es el dragón? ¿Por qué el dragón quiere matar al niño?

En el Antiguo Testamento, la Biblia nos habla de un ser conocido en el cielo como el "Lucero, hijo de la mañana" (Isaías 14:12).[12] Él era "el sello de la perfección, lleno de sabiduría, y acabado de hermosura" (Ezequiel 28:12). Ocupaba la posición de "querubín grande, protector" en el mismo trono de Dios (vers. 14). El texto añade: "Perfecto eras en todos tus caminos desde el día que fuiste creado, hasta que se halló en ti maldad" (vers. 15). ¿En qué consistió esa maldad? El texto responde: "Se enalteció tu corazón a causa de tu hermosura, corrompiste tu sabiduría a causa de tu esplendor... Con la multitud de tus maldades y con la iniquidad de tus contrataciones profanaste tu santuario" (vers. 16-18). Usó su poder y su influencia para su propia gloria, y pecó. Lucifer pensaba dentro de sí: "Subiré al cielo; en lo alto, junto a las estrellas de Dios, levantaré mi trono... y *seré semejante al Altísimo*" (Isaías 14:13-14).

Ahora bien, Apocalipsis nos dice que el dragón peleaba contra "Miguel", o *Mikael*, palabra hebrea que significa "¿Quién es como Dios?". El hecho de que Satanás quisiera ser semejante a Dios y que peleara con alguien llamado "¿Quién es como Dios?", nos da una pista de qué causó la guerra que narra Apocalipsis. El apóstol Pablo nos dice que "siendo [Jesús] *en forma de Dios*, no estimó el ser *igual a Dios* como cosa a que

12. La palabra "lucero" en la Vulgata, la traducción latina de la Biblia, dio origen al nombre "Lucifer": portador de luz.

aferrarse, sino que se despojó a sí mismo, tomando forma de siervo, hecho semejante a los hombres" (Filipenses 2:6, 7). Jesús era el único ser en el cielo que era como Dios. Sin embargo, él no buscó su posición, antes bien se hizo "semejante a los hombres". Cristo es el único ser del universo que puede ser llamado "Miguel" (S. Juan 1:1; 10:30; 14:9, 10).[13]

Es el único que enfrentó a Lucifer en el cielo. A quienes procuraban matarlo, Jesús los llamó hijos de "vuestro padre el diablo… que ha sido homicida desde el principio" (S. Juan 8:44).[14]

Eso sugiere que antes de la creación del mundo, ya Satanás había intentado asesinar a Jesús. Satanás arrastró tras sí, "con su cola" —es decir, con engaño—, la tercera parte de los ángeles (ver Isaías 9:14, 15; Apocalipsis 9:14-19). Pero "no prevalecieron ni se halló ya lugar para ellos en el cielo" (12:8). Dios los arrojó de su presencia y los despojó de su puesto de autoridad (Ezequiel 28:16).

El pecado llega a la tierra

Después de la creación del hombre, Satanás hizo sentir su presencia en el jardín del Edén. En Génesis 3 se presenta, al igual que en Apocalipsis 12, una mujer frente a una serpiente (Génesis 3:1-6). La "serpiente" instó a la mujer a desobedecer a Dios, prometiéndole que al hacerlo sería "*como Dios*", tendría un *conocimiento superior*, y que finalmente *no moriría*. La primera de las proposiciones de "la serpiente" nos hace pensar en Lucifer. La "serpiente" era Lucifer enmascarado, deseando ser "como Dios" e involucrando a los hombres en su rebelión.

La Biblia declara lo absurdo de querer ser "Dios". Dios no es una etapa en el desarrollo de la vida en el universo. Él es el

---

13. Compare San Juan 5:25 con 1 Tesalonicenses 4:16 y Judas 9.
14. La expresión "el principio" puede referirse a un tiempo antes de la creación del mundo (S. Juan 1:1).

que es. Se declaró a Moisés como "YO SOY EL QUE SOY" (Éxodo 3:14). "Yo mismo soy; antes de mí no fue formado dios, ni lo será después de mí" (Isaías 43:10). Ser Dios es haberlo sido siempre. El "conocimiento" verdadero no es el que nos ofrece falsamente "ser como Dios". Al contrario, el verdadero conocimiento que trae vida eterna consiste en *conocer a Dios* (S. Juan 17:3).

Por otra parte, los seres humanos no somos inmortales. La Biblia es clara cuando afirma que los mismos elementos que componen "el alma", o ser del hombre (Génesis 2:7), son los mismos que se descomponen en la muerte del alma (Eclesiastés 12:7). El alma en realidad muere (S. Mateo 10:28). Nuestro ser es el alma (Salmos 103:1). Cuando morimos, muere nuestra alma (Ezequiel 18:4). Por eso la Biblia compara la muerte con un sueño (S. Juan 11:11-14). Durante la muerte no tenemos conciencia, ni sentimientos ni emociones (Eclesiastés 9:5). El estado de la muerte solo termina con la resurrección (S. Juan 5:25; 11:25, 26; 1 Tesalonicenses 4:13-18). En la resurrección, el destino de cada uno habrá sido determinado por sus decisiones en la tierra: vida eterna o muerte definitiva (Malaquías 4:1-3; Apocalipsis 20:12-15). Pero tristemente, nuestros primeros padres le creyeron a Satanás, y así el pecado entró en el mundo. Desde entonces el pecado ha sido parte de nuestra naturaleza, y la inclinación natural de nuestra mente es el engaño.

En el concilio celestial

Pero el pecado del hombre tuvo otras consecuencias. La historia de Job nos presenta a Satanás en el concilio celestial al menos en dos ocasiones: "Un día vinieron a presentarse delante de Jehová *los hijos de Dios*, entre los cuales *vino también Satanás*. Y dijo Jehová a Satanás: ¿De dónde vienes? Respondiendo Satanás a Jehová, dijo: De rodear la tierra y de andar por ella" (Job 1:6, 7).

Estos "hijos de Dios" son "las estrellas que alaban" en Job 38:7, es decir, habitantes de otros mundos que no han pecado.[15] Es posible que estos "hijos de Dios" sean los representantes de esos otros mundos como lo era Adán de éste (S. Lucas 3:38; Génesis 1:26).

¿Pero por qué no está Adán en este concilio? Porque pecó, y al pecar quedó sujeto a Satanás. Satanás tomó su lugar en el mundo (S. Lucas 4:6; Romanos 6:16). De modo que Satanás está ocupando el lugar de Adán como representante de la humanidad. De alguna manera nuestro pecado abrió la puerta para que Lucifer tuviera influencia más allá de este mundo.

La obra de Cristo en la tierra involucraba "deshacer las obras del diablo" (1 Juan 3:8). Al morir en la cruz, pagaría la condena de muerte del hombre; y al resucitar, daría a la humanidad la oportunidad de una nueva vida (Romanos 5: 8-10, 12-19). Pero más que eso, como resultado de su muerte y victoria, Cristo sería el nuevo representante de la humanidad, el nuevo Adán (1 Corintios 15:22, 45). Él "fue declarado Hijo de Dios con poder" (Romanos 1:4); es decir, representante de la humanidad en el concilio celestial.

Así, la muerte de Cristo en el Calvario fue a su vez la derrota de Satanás y su expulsión de la esfera de influencia del concilio celestial. Poco antes de morir, Cristo dijo: "Ahora es el juicio de este mundo; ahora el príncipe de este mundo será echado fuera. Y yo, si fuere levantado de la tierra, a todos atraeré a mí mismo. Y decía esto dando a entender de qué muerte iba a morir" (S. Juan 12:31-33). Con la muerte de Cristo, "el príncipe de este mundo sería echado fuera" del concilio celestial. Apocalipsis se refiere a este evento: "*Y fue lanzado fuera* el gran dragón, *la serpiente antigua*, que se llama diablo y Satanás,

15. Job 38:7 es un verso hebreo en paralelismo sinónimo, donde la segunda línea enfatiza el contenido de la primera (ver ejemplo en Salmos 103:1). "Las estrellas" que "alaban", son los "hijos de Dios" que se "regocijan".

el cual engaña al mundo entero; fue arrojado a la tierra, y sus ángeles fueron arrojados con él. Entonces oí una gran voz en el cielo, que decía: Ahora ha venido la salvación, el poder, y el reino de nuestro Dios, y la autoridad de su Cristo; porque ha sido lanzado fuera el acusador de nuestros hermanos, el que los acusaba delante de nuestro Dios día y noche" (Apocalipsis 12:9, 10).

El gran paréntesis de Apocalipsis 12:7 al 13 trata esto. El pequeño niño que el dragón persigue es el mismo Miguel que lo había vencido en el cielo, y que lo vencería definitivamente en la cruz. Por eso quería matarlo antes de que cumpliera su misión.

La guerra que comenzó en el cielo continuó en la tierra. Con la muerte de Cristo, Satanás fue vencido y despojado de su poder. Sin embargo, él ha descendido sobre la iglesia de Dios, la mujer, "con gran ira, sabiendo que tiene poco tiempo" (vers. 12). Cristo fue perseguido desde que estuvo en el pesebre (S. Mateo 2:13). Durante su vida terrenal, Satanás hizo varios intentos de matarlo (S. Mateo 12:14; S. Lucas 4:28-30; S. Juan 5:16-18; 7:30-32; 40-44; 10:31; 11:53-54; etc.). Después de la partida de Jesús, la iglesia también sufrió persecución (S. Mateo 10:16-24; S. Juan 16:1-2; Hechos 8:1, 3, 4; 9:1). El crecimiento de la iglesia ha sido abonado con la sangre de sus mártires. El Apocalipsis nos habla "de los que habían sido muertos por causa de la palabra de Dios y por el testimonio que tenían" (Apocalipsis 6:9).

Una mirada a Apocalipsis 12 revelará el orden de los ataques de Satanás:

- *Ataque al hijo* (vers. 4-5)
- *Ataque a la mujer* (vers. 6)
- *Paréntesis: guerra en el cielo* (vers. 7-13)
- *Ataque a la mujer* (vers. 14-17)
- *Ataque al resto de la descendencia de la mujer* (vers. 17)

El pueblo de Dios del tiempo del fin soportará pruebas como las que Cristo soportó. Pero de la misma manera que Jesucristo fue llevado al cielo luego del sufrimiento, el pueblo de Dios será arrebatado hasta la misma presencia de Dios luego de la última gran persecución. Si bien es cierto que pertenecer al pueblo de Dios puede traer dolor, aceptar ser parte de ese pueblo es siempre la mejor decisión. Tenemos asegurada la victoria contra el diablo por el poder de Jesucristo.

Capítulo 11

Profanación y engaño

Ahora estudiaremos el capítulo 13 de Apocalipsis. Pero antes sería bueno recordar algunos eventos del libro de Daniel. Babilonia invadió Israel y llevó cautivos a sus habitantes (Daniel 1:1, 2). Luego profanó el templo de Dios y lo saqueó (1:2; capítulo 5). El tercer ataque de Babilonia contra el pueblo de Dios involucra el engaño y la violencia. Nabucodonosor falsificó el sueño que Dios le dio y lo usó para cumplir sus propios planes (Daniel 3:1-7), y amenazó con la muerte a todos los que no se sometieran a sus planes religiosos. Estos son, entonces, los ataques de Babilonia:

- *Primero*, persigue al pueblo de Dios.
- *Segundo*, profana lo sagrado, destruye el templo.
- *Tercero*, se impone con engaño y violencia.

En Apocalipsis se presentan tres poderes del mal: El dragón, la bestia y el falso profeta (16:13). ¿Quiénes son estos? Es fácil saberlo. Apocalipsis 12 y 13 identifican esos tres poderes satánicos. Ya vimos que el capítulo 12 habla del dragón (vers. 3). El capítulo 13 habla de una "bestia" que surge del mar (13: 1-10), y luego de otra que surge de la tierra (vers. 11-18). Estas tres potencias constituyen el dragón (capítulo 12), la bestia (13:1-10) y el falso profeta (vers. 11-18).

Cómo ya vimos, el dragón persigue a Cristo y a la iglesia. El papel de la bestia es profanar lo sagrado: el nombre de Dios y su santuario. "Y abrió su boca en blasfemias contra Dios, para *blasfemar de su nombre*, de su *tabernáculo*, y de los que moran en el cielo" (13:6). Curiosamente de esta "bestia" no se dice que engaña. Ella no tiene necesidad de engañar. Ella tiene poder para destruir el mismo templo de Dios. Finalmente se nos presenta una tercera bestia, el falso profeta (13:11-18), que "engaña a los moradores de la tierra... mandando a los moradores de la tierra que le hagan imagen a la bestia" (13:14). Y luego impone "matar a todo el que no la adorase" (vers. 15). Esto es un claro recordativo de la imagen de Nabucodonosor. Estos tres poderes son una reminiscencia de los ataques de Babilonia:

Acciones de Babilonia	Potencias del Apocalipsis
Persigue	El dragón
Profana el templo	La bestia
Hace una imagen;	El falso profeta

De modo que la historia que le tocó vivir a Daniel es una miniatura de lo que le espera a este mundo. Los poderes del mal perseguirán a los fieles, profanarán el santuario de Dios y forzarán la adoración en un falso sistema de religión. Ya hemos estudiado la obra del dragón en el capítulo 12. Ahora nos toca estudiar más sobre la obra de la bestia y el falso profeta.

La bestia

La bestia es una reconfiguración de las bestias de Daniel 7 (compare Daniel 7:1-7 con Apocalipsis 13:1-2). La bestia tiene las mismas características del cuerno destructor de Daniel (Daniel 7:21, 25; Apocalipsis 13:3-6). La bestia es la suma total del poder satánico que actúa en este mundo en el tiempo del fin. Es la perfección del engaño y de la opresión.

Estas semejanzas nos hacen pensar que la bestia es la misma figura espantosa e indescriptible de Daniel 7:7 y 8;

específicamente en su etapa de dominio del "cuerno" que perseguiría a los santos y blasfemaría contra Dios (7:24, 25). Si este el caso, el dominio temporal de esta bestia terminaría antes de que comience el juicio divino (Daniel 7:9, 10), inmediatamente antes de la segunda venida de Cristo (7:14).

El apóstol Pablo advirtió que la bestia desplegaría en el mundo todo su poder antes de la segunda venida de Cristo: "Nadie os engañe en ninguna manera; porque no vendrá sin que antes venga la *apostasía*, y se manifieste el *hombre de pecado*, el *hijo de perdición*, el cual se opone y se levanta contra todo lo que se llama Dios o es objeto de culto; tanto que *se sienta en el templo de Dios como Dios, haciéndose pasar por Dios*" (2 Tesalonicenses 2:3, 4).

Una mirada cuidadosa a las acciones de esta "bestia" nos revela que es el "anticristo". Es decir, el poder humano satánico que se hace pasar por Cristo. El "inicuo cuyo advenimiento es por obra de Satanás, con gran poder y señales y prodigios mentirosos" (2 Tesalonicenses 2:9).

Notemos el siguiente diagrama:

CRISTO (Como se presenta en Apocalipsis)	**LA BESTIA** (En Apocalipsis 13)
Con siete cuernos (5:6)	Con diez cuernos (13:1)
Con diademas (19:12)	Con diez diademas (13:1)
Fue inmolado (5:6)	Recibe una herida de muerte (13:3)
Resucitó (1:18)	Su herida fue sanada (13:3)
Recibe autoridad del Padre (3:21)	Recibe autoridad del Dragón (13:4)
Se sienta en el trono del Padre (3:21)	Se sienta en el trono del Dragón (13:2, 4)
Es adorado por el universo (5:13, 14)	Es adorado por la tierra (13:4, 8)

La bestia es una imitación de Cristo. Imita el ser y la pasión de Cristo. Se presenta con la autoridad de Cristo, usurpando su autoridad y poder en la tierra. Obra a través de las religiones falsas.

El falso profeta:

La segunda bestia de Apocalipsis 13 que completa la trilogía de poderes satánicos se nos presenta como un animal que "subía de la tierra; y tenía dos cuernos semejantes a los de un cordero, pero hablaba como dragón" (13:11).

En la visión anterior, cuando el dragón perseguía a la mujer, el texto nos dice que "la tierra ayudó a la mujer" (12: 16) y la protegió de la persecución del dragón. De modo que "la tierra" debe ser un lugar donde se garantizaba la libertad religiosa para sus ciudadanos, donde el dragón no podía ejercer todo su poder; un lugar que acogía a los perseguidos religiosos de otras naciones. Este poder tiene "dos cuernos semejantes a los de un cordero", es decir, como Cristo (13:11). Este es un poder aparentemente cristiano. Pero que finalmente, luego de su apostasía, también hablará como dragón, es decir, perseguiría a los santos. Esta segunda "bestia" tendría poder político en todo el mundo (13:12) y sería el centro de la economía mundial, pues sus regulaciones financieras se implementarían en todo el planeta: Y hacía "que ninguno pudiese comprar ni vender, sino el que tuviese la marca o el nombre de la bestia, o el número de su nombre" (13:17).

Si leemos la realidad de nuestro tiempo, no puedo pensar en otra potencia mundial más que en los Estados Unidos de Norteamérica como ese poder descrito en la profecía. Surgió en el tiempo y el lugar adecuados. América fue fundada por los perseguidos religiosos de Europa. Los principios de libertad e igualdad de todos los hombres, tanto como la preocupación por el bienestar del mundo, son principios cristianos. Pero la historia nos muestra cada vez más lo que es capaz de hacer ese poder. Esta nación tiene el poder de oprimir y perseguir. Es el único país con posibilidad de implementar leyes universales y de regular la economía mundial.

De modo que la profecía predice un tiempo cuando la gran nación del norte dejará de ser una tierra de libertad y será un instrumento en manos de la falsa y antigua religión romana para implementar un nuevo orden político, económico y religioso (vers. 14-17). La persecución se levantará otra vez contra los disidentes y la tierra dejará de ser un lugar seguro para los fieles.

Capítulo 12

El contraataque

Hasta aquí hemos estudiado en Apocalipsis 12 y 13 la obra de Satanás a lo largo de la historia y lo que se propone hacer en el futuro cercano. Él busca controlar totalmente la voluntad y la mente de los hombres, y en su intento también contempla la persecución, la opresión y el engaño.

Pero Dios y su pueblo no se quedarán con los brazos cruzados ante el avance de los planes de Satanás. El Señor tiene una estrategia, un mensaje y un pueblo para cumplir su misión en la tierra. Apocalipsis 14 muestra lo que constituye el contraataque de Dios a los agentes satánicos, revelados en Apocalipsis 12 y 13.

Pero antes de analizar Apocalipsis 14 debemos detenernos a estudiar un tema muy interesante: los 144.000. Este grupo se menciona en Apocalipsis 14, pero es mencionado por primera vez en el capítulo 7. Por eso debemos retroceder hasta ese texto. El capítulo 6 muestra lo que ocurre cuando Cristo desata seis de siete sellos. Los sellos representan eventos a lo largo de la historia. El sexto sello muestra la escena gloriosa y a la vez terrible de la segunda venida de Cristo. La escena termina con la pregunta: "El gran día de su ira ha llegado; ¿y quién podrá sostenerse en pie? (Apocalipsis 6:14-17).

Los 144.000

Entre el sexto (6:12-17) y el séptimo sello (8:1) hay un paréntesis, que constituye la respuesta a la pregunta con la que concluyó el sexto sello: "¿Quién podrá sostenerse en pie?" El capítulo 7 muestra la respuesta: los 144.000 podrán estar firmes en el "día de la ira" (7:4). Este evento incluye la segunda venida de Cristo, pero se inicia cuando las siete plagas de la ira de Dios se derramen sobre la tierra (15:1). De modo que podemos deducir que los 144.000 son *los que podrán soportar el tiempo de tribulación y la ira de Dios y esperarán a Cristo firmes y fieles cuando él aparezca por segunda vez.*

"Después de esto vi a cuatro ángeles en pie sobre los cuatro ángulos de la tierra, que *detenían los cuatro vientos de la tierra, para que no soplase viento alguno sobre la tierra*, ni sobre el mar, ni sobre ningún árbol. Vi también a otro ángel que subía de donde sale el sol, y tenía el sello del Dios vivo; y clamó a gran voz a los cuatro ángeles, a quienes se les había dado el poder de hacer daño a la tierra y al mar, diciendo: *No hagáis daño a la tierra, ni al mar, ni a los árboles, hasta que hayamos sellado en sus frentes a los siervos de nuestro Dios.* Y oí el número de los sellados: *ciento cuarenta y cuatro mil sellados* de todas las tribus de los hijos de Israel" (Apocalipsis 7:1-4).

La escena que aquí se muestra es de mucha importancia. Las potencias mundiales se alistan para la batalla. Unas a otras se amenazan con la aniquilación total. Los mercaderes de desgracias venden su desesperanza. Los nuevos "expertos" en sembrar el temor de la gente nos vaticinan una destrucción cósmica, una coalición con meteoros extraviados, una dislocación de las fuerzas de la naturaleza, un desprendimiento mayor de energía cósmica, o un desequilibrio o alineación planetaria. En fin, una pesadilla infinita de la que, si despertáramos, quedaríamos paranoicos para el resto de la existencia.

Pero el cuadro que presenta Apocalipsis está lejos de ser el "apocalipsis" que venden los medios de explotación informativa. El libro bíblico muestra, eso sí, un mundo a punto de la destrucción, pero bajo las manos de agentes que responden a un Dios amante y con un plan para sus hijos. Los acontecimientos humanos están en las manos de Dios. El mundo no acabará de acuerdo a la imaginación mitológica de algún pueblo primitivo. Los vientos no se soltarán por un accidente cósmico ni por otra voluntad que no sea la de Dios.

Y Dios no soltará sus vientos de destrucción hasta que los redimidos sean "sellados". Un ser misterioso ordena a los ángeles en nombre de Dios que detengan los vientos. Porque aun no es el fin. Cuando Cristo vino a morir a la tierra lo hizo por ti y por mí. De manera personal. Él sabía que su sacrificio garantizaría nuestra salvación, y no vaciló en sufrir y morir. Pero ahora, viendo que el tiempo se acaba, viendo los vientos de la ira divina casi abandonados a su voluntad destructora, y viendo que muchos, como tú y yo, todavía no hemos entrado en un pacto de salvación con él, Cristo levanta su mano intercesora y ruega por un poquito más de tiempo, por otra oportunidad. "Acerquémonos, pues —dice el apóstol—, confiadamente al trono de la gracia, para alcanzar misericordia y hallar gracia para el oportuno socorro" (Hebreos 4:16).

Antes de la liberación de los israelitas de Egipto y la llegada de la última plaga, Dios puso una señal a su pueblo (Éxodo 12:12, 13). En la visión de Ezequiel, antes de la destrucción final de Jerusalén, Dios selló a su pueblo (Ezequiel 9:1-6). La Biblia dice: "Conoce el Señor a los que son suyos" (2 Timoteo 2:19), y en la destrucción final no perecerá ningún ser que tenga el sello de Dios en su vida. Los 144.000 son los que reciben el sello de Dios, los que quedan marcados y protegidos para pasar en medio de la catástrofe más grande que haya habido sobre la tierra.

Preparación

Creo que es hora de volver a Apocalipsis 14. Como vimos, este capítulo constituye la estrategia de contraataque de Dios contra el poder del mal en los últimos días. En este capítulo se nos habla en primer lugar de los 144.000. Ellos constituyen el ejército de Dios. Luego se nos habla de tres ángeles (14:6-9). ¿Quiénes son?

Apocalipsis 16:13 y 14 nos revela parte del plan de Satanás: "Y vi salir de la boca del dragón, y de la boca de la bestia, y de la boca del falso profeta, *tres espíritus inmundos* a manera de ranas; pues son *espíritus de demonios*, que hacen señales, y van a los reyes de la tierra en todo el mundo, para reunirlos a la batalla de aquel gran día del Dios Todopoderoso".

Aquí se muestran los demonios representados como "tres espíritus inmundos a manera de ranas". Esta es la razón por la que en Apocalipsis 14, en el contraataque divino, se representa el ejército de Dios como tres ángeles que predican el evangelio eterno "a toda nación, tribu, lengua y pueblo" (14:6). La alternativa es clara: Quien rechaza el evangelio quedará a merced de las mentiras satánicas: "Pero el Espíritu dice claramente que en los postreros tiempos algunos apostatarán de la fe, escuchando a espíritus engañadores y a doctrinas de demonios" (1 Timoteo 4:1).

Satanás ha estado difundiendo mentiras y especulaciones engañosas para alejar a la gente del evangelio de la salvación. Mientras tanto, Dios ha estado sellando y preparando para sí un pueblo especial. Estos se describen en Apocalipsis 14:1-5. Este pueblo tiene el nombre de Dios en su frente (vers. 1), es decir, su carácter. Son personas que se mantienen puras, sin contaminarse por la falsa doctrina[16], y siguen a Cristo en toda situación (14:4). Más que eso, ellos "fueron redimidos de entre los hombres como primicias para Dios y para el Cordero; y en sus bocas no fue hallada mentira, pues son sin mancha delante del trono de Dios" (14:4, 5).

Es posible que cuando leas esta descripción te sientas indigno de ser parte de este grupo. Pero en realidad no hay nadie digno de ser parte de los 144.000. "La salvación pertenece a nuestro Dios" (Apocalipsis 7:10). Todos somos salvos por su

16. En el Apocalipsis se representa a la religión falsa como una mujer impura (ver 17:3).

gracia (Efesios 2:10). Si no se ha encontrado mentira en tus labios, es porque Dios te ha purificado (Isaías 6:6, 7). Lo mismo vale para mí y para todo ser humano.

Tres ángeles predican

Luego de la escena de los 144.000 se presentan tres ángeles con tres mensajes de amonestación al mundo. Estos mensajes constituyen la última advertencia de Dios a un mundo a punto de ser destruido. Por lo tanto, son mensajes decisivos. La vida y la muerte de cada alma en esta tierra dependen de la aceptación o del rechazo de estos mensajes.

"Vi volar por en medio del cielo a otro ángel, que tenía el evangelio eterno para predicarlo a los moradores de la tierra, a toda nación, tribu, lengua y pueblo" (14:6). Este ángel no representa a una sociedad secreta o un conocimiento escondido; el ángel vuela "por en medio del cielo". Representa a un movimiento religioso de alcance mundial. El ángel predica el evangelio, es decir, la obra de Cristo por la humanidad tal cual se mostró en su vida, muerte y resurrección (ver Romanos 1:16, 17; Colosenses 1:26, 27).

El evangelio eterno

Pero el contenido del evangelio no es nuevo. El "evangelio eterno" es el plan de Dios "que se ha mantenido oculto desde tiempos eternos, pero que ha sido manifestado ahora" (Romanos 16:25, 26). Por eso el apóstol Pablo declaró: "Me propuse no saber entre vosotros cosa alguna sino a Jesucristo, y a éste crucificado" (1 Corintios 2:2).

La Biblia guarda una extraordinaria consistencia interna y un poderoso mensaje de esperanza centrado precisamente en la llegada y existencia en esta tierra del Hijo de Dios. En ella el mismo Jesús nos dice: "Escudriñad las Escrituras; porque a vosotros os parece que en ellas tenéis la vida eterna; y ellas son las que dan testimonio de mí" (S. Juan 5:39).

La Palabra de Dios también nos dice que el pecado es la condición de rebeldía hacia Dios el creador. Una condición que se introdujo en la raza humana al comienzo mismo de su existencia y que persiste y se transmite por la herencia y las costumbres que cultivamos. Los actos que se cometen bajo esa condición general de rechazo de Dios se convierten en una barrera entre él y nosotros (ver Isaías 59:2).

El Evangelio es la respuesta de Dios al problema universal del pecado. "Venid luego, dice Jehová, y estemos a cuenta: si vuestros pecados fueren como la grana, como la nieve serán emblanquecidos; si fueren rojos como el carmesí, vendrán a ser como blanca lana" (Isaías 1:18). Esa purificación ocurre gracias a la sangre de Cristo. "Si andamos en luz, como él está en luz, tenemos comunión unos con otros, y la sangre de Jesucristo su Hijo nos limpia de todo" (1 Juan 1:7). El anuncio del nacimiento de Cristo indicó su propósito al venir a esta tierra: "Y [María] dará a luz un hijo y llamarás su nombre Jesús, porque él salvará a su pueblo de sus pecados" (S. Mateo 1:21). "Jesús" (*Iesóus* en griego) era equivalente al nombre hebreo *Yehoshua* o "Josué", que significa "Jehová es salvación".

Jesús vino "a buscar y a salvar lo que se había perdido" (S. Lucas 19:10). Toda su vida y cada uno de sus actos y palabras siguieron ese propósito. Dios amó tanto al mundo que dio a su Hijo para salvarlo (S. Juan 3:16).

Por eso es que el apóstol Juan nos dice: "Si confesamos nuestros pecados, él es fiel y justo para perdonar nuestros pecados, y *limpiarnos* de toda maldad" (1 Juan 1:9).

El llamado de la cruz

Jesús vino a salvarnos del pecado porque el pecado es la causa fundamental del sufrimiento humano, de las guerras, la injusticia, la enfermedad y la misma muerte. La llegada de Jesús y su sacrificio en la cruz fue el gesto de reconciliación de

Dios con el ser humano rebelde y nos abrió una puerta hacia la vida y la esperanza.

Cuando nos acercamos a la cruz nos acercamos unos a otros. En aquellos burdos maderos, Dios clavó también nuestras enemistades (Efesios 2:16). Ante el sacrificio supremo del Hijo de Dios, todos nos tornamos hermanos. Como el hijo de la parábola de Lucas 15, todos somos pródigos por igual que vamos camino al hogar del Padre. En la cruz, Jesús firmó con su sangre la declaración de paz entre Dios y los hombres y entre todo ser humano y su prójimo (Colosenses 1:15-20). Nos enseñó a perdonarnos unos a otros, al igual que él perdonó generosamente a sus verdugos.

La cruz del Calvario nos exige una respuesta. El nombre de Jesús es el único nombre por el cual podemos invocar perdón y restauración (Hechos 4:12). El sacrificio de Jesús nos abrió un camino de acceso a Dios que nadie puede cerrarnos, porque "fiel es el que prometió" (Hebreos 10:19-23). Bien dijo San Pablo que "la palabra de la cruz es locura a los que se pierden; pero a los que se salvan... es poder de Dios" (1 Corintios 1:18). Él no murió en la cruz solo para llamar nuestra atención. Jesús vino a salvarnos, a llamar a la puerta de nuestro corazón y a morar en nosotros por medio de su Santo Espíritu. En uno de los mensajes a las siete iglesias nos dice: "He aquí, yo estoy a la puerta y llamo; si alguno oye mi voz y abre la puerta, entraré a él, y cenaré con él, y él conmigo" (Apocalipsis 3:20).

Jesús vive y te llama para que emprendas con él la aventura de la salvación. Una invitación extendida hace dos mil años desde una cruz a las afueras de Jerusalén, pero que hasta hoy aguarda tu respuesta.

Capítulo 13

La guerra

Apocalipsis es un libro de batallas, que tienen como trasfondo la guerra entre Cristo y Satanás (Apocalipsis 9:7, 9; 11:7; 13:7; 17:14). En este libro se presenta a Cristo como un general preparado para la batalla (19:11), y a Satanás luchando contra la iglesia y reuniendo al mundo para la "batalla de aquel gran día del Dios todopoderoso" (16:14).

En el centro de todas estas guerras se instala una memorable batalla del pasado: "Hubo una gran batalla en el cielo" entre Miguel y el dragón (12:7). El mundo es el campo de batalla. En esta tierra y ahora mismo se están alineando todos los seres humanos, muchos sin saberlo, se están alistando para la última batalla entre el bien y el mal. Una batalla, que aunque tiene su origen en un remoto pasado, en algún distante lugar del universo, tendrá su desenlace *aquí en la tierra*.

Esta batalla ha tenido y tiene varias etapas, pero la más importante de ellas es la que se dará precisamente antes del establecimiento del reino de Dios. En esa batalla la vida de todos será sellada para salvación o perdición eterna. Esta es la razón por la que Dios ubica esta batalla en el mismo centro del Apocalipsis. Como ya estudiamos, esta es una de las principales razones por la que "el arca del pacto" se muestra en Apocalipsis 11:19 en una escena celestial preliminar de Apocalipsis 12-14: Dios está en guerra, y su pueblo debe saber que él va delante para darle la victoria a sus hijos.

El gran tema

Apocalipsis está lleno de alabanzas y de reconocimiento a Dios. De él se nos dice "que es y que era y que ha de venir" (1:4). "Santo es el Señor Dios Todopoderoso" (4:8). Estas alabanzas muy bien pueden representar invocaciones basadas en la contemplación del carácter de Dios. Sin embargo, Apocalipsis muestra otro tipo de reconocimiento para Dios: "Digno eres de recibir la gloria y la honra y el poder" (4:11); "justos y verdaderos son tus caminos, Rey de los santos" (15:3). ¿Quién no te temerá, oh Señor, y glorificará tu nombre? pues solo tú eres santo" (15:4). "Sus juicios son verdaderos y justos" (19:2).

Estas afirmaciones no solo surgen de la espontaneidad de una alabanza, sino que encuentran su sentido más profundo después de la observación de un proceso. Estas alabanzas vienen como producto de observar cómo Dios resuelve el problema del mal en el universo y en la tierra. Cuando Juan dice que Dios es "digno", "justo", "fiel y verdadero" pretende reivindicar al Señor contra las acusaciones de Satanás, que es el gran "acusador". El cielo alaba y dice: "Ahora ha venido la salvación, el poder y el reino de nuestro Dios, y la autoridad de su Cristo; porque ha sido lanzado fuera el acusador" (12:10).

En la Biblia, el nombre no es simplemente un agregado casual a una persona. El nombre es una expresión del ser de la persona. Por eso la Biblia le da tanta importancia al nombre y al cambio de nombre (Génesis 3:20; 4:25; 17:5, 15; 27:36; 32:27-28). El nombre expresa el carácter de la persona. Curiosamente, en Apocalipsis, los poderes satánicos se presentan como nombres blasfemos (13:1, 5; 17:3). El poder satánico "abrió su boca en blasfemias contra Dios, *para blasfemar de su nombre*, de su tabernáculo, y de los que moran en el cielo" (13:6).

Satanás ataca directamente el nombre, el carácter de Dios. De modo que el carácter de Dios es el tema del gran conflicto. Satanás ha acusado a Dios, a los habitantes del cielo y a sus hijos en la tierra. Él ha mentido acerca de Dios, de sus motivos y su carácter. El tema del Apocalipsis es vindicar el carácter de Dios, demostrar que él es bueno, digno de toda fidelidad.

Las falsas doctrinas no solo son dañinas por el mismo hecho de ser erradas, sino porque de alguna manera desfiguran el carácter de Dios. Muchas "nuevas" ideas no toman en cuenta a Dios, o lo marginan y lo rebajan. Hay quienes hablan de un fin del mundo causado por fuerzas incontrolables, como si no hubiera un Dios creador y sustentador que todo lo planifica y lo ejecuta en el universo conforme a su infinita y sabia voluntad. Por esto es que el tema de la adoración a Dios es tan importante en Apocalipsis.

El punto de controversia

Juan se confundió ante el ángel de la revelación: "Yo me postré a sus pies para adorarle. Y él me dijo: Mira, no lo hagas; yo soy consiervo tuyo, y de tus hermanos que retienen el testimonio de Jesús. Adora a Dios" (19:10). Este suceso es revelador. El ángel rechaza la adoración de Juan y le dice: "Adora a Dios". Este incidente se repite nuevamente en el capítulo 22:8, 9. El detalle es importante porque revela que el tema de la adoración es central en Apocalipsis. Los habitantes del cielo "adoraron" a Dios (4:10; 5:14; 7:11; 11:16; 19:4); "los moradores de la tierra" adoran al dragón, a la bestia, a Satanás, a "los demonios" (9:20; 13:4, 8, 12; 19:20). Satanás busca que se adore a la bestia, porque quien adora a la bestia lo adora a él (13:4). Toda la trama de eventos satánicos es porque Satanás busca ser adorado (13:15). Pero Apocalipsis revela que un día "las naciones vendrán y adorarán" al Señor (15:4). Por eso el último mensaje de amonestación de Dios al mundo, el mensaje del primer ángel del capítulo 14, es: "Temed a Dios y dadle gloria… y adorad al que hizo el cielo y la tierra" (14:7). Y el mensaje del tercer ángel encierra una advertencia contra la adoración satánica: "Si alguno adora a la bestia y a su imagen… él también beberá del vino de la ira de Dios... y no tienen reposo de día ni de noche los que adoran a la bestia y a su imagen" (vers. 9-11).

Todos nuestros actos son actos de adoración. La humanidad se divide entre los que adoran a Dios y los que adoran a Satanás.

El arma de combate

Satanás ataca a la mujer con su "boca" (12:15, 16). Esta parece ser su arma: "De la *boca* del dragón, y de la *boca* de la bestia, y de la *boca* del falso profeta" surgen "espíritus de demonios" para preparar al mundo para la guerra (16:13, 14). La bestia "abrió su boca" en ataques y blasfemia contra Dios (13:6). Los instrumentos del mal también atacan con la boca (9:17, 18), porque el poder de ellos "estaba en su boca" (9:19). De modo que el arma de Satanás y sus instrumentos es *la boca.*

Pero la boca parecer ser también el arma de ataque de Dios: "La tierra abrió su boca y tragó el río que el dragón había echado de su boca" (12:16). Aquí dos bocas se contrastan y se enfrentan. También los dos testigos de Dios atacan a sus enemigos "con su boca" (11:5). El mismo Jesús se presenta con una espada, que simboliza una confrontación, y la espada *está en su boca* (1:16; 2:16; 19:15, 21). El jinete, Jesucristo, con su espada en la boca, es llamado "el Verbo de Dios" (19:11-15).

Así, el arma letal de ambos bandos es la boca. Todo esto indica que la guerra se dirime con palabras, con argumentos. El conflicto comenzó en el cielo cuando algunos seres creyeron en la palabra de Satanás. En la tierra, el pecado consistió en que el hombre y la mujer creyeron en la palabra de la serpiente y no en la de Dios. "¿Conque Dios os ha dicho...?" fueron las primeras palabras de Satanás a la humanidad (Génesis 3:1). Poner en duda la Palabra de Dios es la misión de Satanás. Satanás está sembrando engaños y mentiras en cuanto a Dios y su verdad. Detrás de las "ingenuas" predicciones de un fin catastrófico del mundo se encierra una forma diferente de ver a Dios y su voluntad para nosotros. Este ha sido también el papel de las falsas religiones a lo largo de la historia: diseminar mentiras respecto del carácter de Dios.

Pero Dios también tiene su ejército, que con el poder del evangelio (Romanos 1:16) está haciendo frente al ataque difamador que proviene de la boca de Satanás: "Pues aunque andamos en la carne, no militamos según la carne; porque las armas de nuestra milicia no son carnales, sino poderosas en Dios para la destrucción de fortalezas, *derribando argumentos* y toda altivez que se levanta contra el conocimiento de Dios, y llevando cautivo todo pensamiento a la obediencia a Cristo" (2 Corintios 10:3-5).

La estrategia

Si las armas son la boca y las palabras, la estrategia de cada bando está basada en la naturaleza de las palabras de cada uno. En el Evangelio de Juan, Cristo se presenta a sí mismo como la verdad que libera a los hombres (8:32, 36; 14:6). Pero Cristo también declaró acerca de Satanás las siguientes palabras reveladoras: "Cuando habla mentira, de suyo habla; porque es mentiroso, y padre de mentira" (8:44).

El último gran conflicto es una confrontación entre la verdad y la mentira, entre Cristo y Satanás. Satanás engañó a los habitantes del cielo y engaña ahora a los de la tierra (Apocalipsis 12:9; 20:3, 8, 10). Por eso, manchar o no los labios y el corazón con la mentira define nuestra pertenencia a cualquiera de ambos frentes (14:5; 22:15). Por eso los "mentirosos" son contados juntos con los "idólatras" (21:8). La mentira nos define como adoradores de Satanás, y la verdad como seguidores de Dios.

Fuego del cielo

Apocalipsis muestra el acto culminante del engaño de Satanás por medio de sus agentes: "También hace grandes señales, de tal manera *que aun* hace descender *fuego del cielo* a la tierra delante de los hombres" (13:13). La partícula "aun" sugiere que esta es una manifestación extrema del poder satánico. Pero hacer descender fuego va más allá de producir una mera manifestación física delante de los hombres. No hay que ser Satanás para hacer que descienda fuego del cielo. ¿Por qué es el mayor engaño?

En la Biblia, el fuego que desciende del cielo es un símbolo de la ira de Dios (Génesis 19:24; Levítico 10:2; Jeremías 17:27). Este parece ser el sentido de la frase en Apocalipsis 13:13. Dios muestra su ira sobre los impíos haciendo descender fuego del cielo y consumiéndolos (20:9).

Un incidente en la vida del mismo apóstol Juan es revelador de lo familiar que era esta expresión en los días de Jesús. Cierto día, Juan le pidió a Jesús que le concediera el poder de hacer descender fuego para destruir a los que rechazaban el evangelio. Jesús le dijo que eso no mostraba el espíritu de Dios (S. Lucas 9:54-56). El Espíritu de Satanás estaba fomentando la intolerancia religiosa de Juan y su hermano. Dios es el único Juez. Es a él a quien le toca hacer descender fuego en el tiempo del fin sobre los impenitentes.

Pero Satanás se presenta igualmente airado (Apocalipsis 12:17). La profecía indica que *Satanás usará la violencia y la intolerancia para imponer una falsa religión, un nuevo y obligatorio cristianismo*. Hará matar a quien no adore a la bestia y acepte su marca (13:15).

Pero nosotros debemos fundamentar nuestra vida en "la palabra profética más segura" (2 Pedro 1:19), no en nuestras convicciones, conocimientos y experiencia (vers. 16-18). Ya vimos que Satanás busca ser adorado y ser reconocido como Dios, por eso ha difamado el carácter de Dios, por eso ha abierto su boca para propagar falsas doctrinas, creencias y temores, por eso ha llenado y llenará al mundo de engaños. Pero Dios nos da la Palabra más segura como ciudad de refugio para protegernos de los embates del enemigo. Esa misma Palabra nos protegerá contra la ira del diablo.

Capítulo 14

Los fieles

Quisiera ahora analizar otros aspectos de esta gran controversia. En Apocalipsis 17:14 se nos dice que los poderes satánicos "*pelearán contra el Cordero*, y el Cordero los vencerá, porque él es Señor de señores y Rey de reyes; y *los que están con él son llamados y elegidos y fieles*". Jesús cuenta con un grupo especial de personas para enfrentar a Satanás; un ejército de hombres, mujeres y niños escogidos y llamados por él. Ellos son fieles a él. Ser parte de ese grupo selecto debe ser el ideal de todos los que vivan sobre la tierra en el tiempo del fin.

El tema de la fidelidad trae consigo la cuestión de la obediencia. Apocalipsis habla de un grupo especial que "*guarda los mandamientos de Dios*" (12:17). Ellos son llamado "los santos". "Aquí está la paciencia de los santos, los que *guardan los mandamientos de Dios* y la fe de Jesús" (14:12). Ellos sufren con paciencia las amenazas y maltratos de los poderes del mal, pero se mantienen fieles a los mandamientos de Dios.

Los mandamientos

Algunos entienden la frase "los mandamientos de Dios" de una manera general, como refiriéndose a todo lo que Dios ha mandado. Aunque esto es posible, la presencia del arca en Apocalipsis, clave en la visión, nos remite a la Ley de Dios. Solo los Diez Mandamientos (Éxodo 34:28; Deuteronomio 10:4) escritos en "dos tablas de piedra" (Éxodo 31:18; 32:15; Deuteronomio 4:13) estaban dentro del arca (Deuteronomio 10:2, 5).

Aunque los judíos poseían otras leyes (el libro de la ley), el foco de obediencia eran los Diez Mandamientos. Aunque como cristianos tenemos que guardar todo lo que Jesús ha mandado (S. Mateo 28:20), el tema central del arca en Apocalipsis es la Ley de Dios de los Diez Mandamientos.

Los Diez Mandamientos aparecen en Éxodo 20:1-17. Jesús habló de un "primer" y un "segundo" mandamiento: amar a Dios y al prójimo (S. Mateo 22:37-40). Estos "dos mandamientos" (vers. 39) corresponden a las "dos tablas" de la ley. Jesús no estaba anulando la Ley, sino resumiéndola (S. Mateo 5:17-19; 19:16-19).

Veamos cómo aparecen en dos tablas los Diez Mandamientos de Éxodo 20. La primera tabla (amar a Dios) contiene los primeros cuatro mandamientos. La segunda tabla (amar al prójimo) contiene los restantes seis:

Primera tabla: ***Amar a Dios***

- No tendrás otros dioses delante de Jehová (Éxodo 20:2-3).
- No te hagas imágenes para inclinarte en adoración (vers. 4-6).
- No profanes el nombre de Dios (vers. 7).
- Acuérdate del día de reposo, el séptimo día, el sábado para santificarlo (vers. 8-11).

Segunda tabla: ***Amar al prójimo***

- Honra a tus padres (vers. 12).
- No matarás (vers. 13).
- No cometerás adulterio (vers. 14).
- No robarás (vers. 15)
- No dirás falso testimonio (vers. 16).
- No codiciarás (vers. 17).

De modo que estos Diez Mandamientos son la clave de la

fidelidad en la crisis final. Satanás y sus agentes se presentan en Apocalipsis como observadores de falsos mandamientos (9:21; 13:10, 14, 15; 14:8; 17:2, 4; 18:3). Sin embargo, una mirada detenida de Apocalipsis 12 al 14 revelará un detalle sorprendente: el énfasis en el conflicto final recae sobre la primera tabla, los primeros cuatro mandamientos.

Otros dioses

Si hay un hecho claro en Apocalipsis, es que el dragón, la bestia y el falso profeta asumen prerrogativas divinas. La misma existencia de este trío satánico sugiere una falsificación de la Trinidad: del Padre, del Hijo y del Espíritu Santo (ver Apocalipsis 1:4, 5; 5:3, 5; 6:6). Satanás se sienta sobre un trono, imitando a Dios (compare 13:2 con 4:1, 2). Dios sella a su pueblo (7:1-4); lo mismo hace Satanás (13:16). Dios se aíra contra las naciones (11:18); y Satanás se aíra contra la iglesia de Dios (12:17). Dios envía tres ángeles (14:6-9) y el dragón envía tres demonios (16:13, 14). Dios le da autoridad a su Hijo y Satanás le da autoridad a la bestia (13:2, 4).

Satanás quiere ser adorado como "dios". Los textos nos hablan de los habitantes de la tierra que adoran al dragón (13:4) y a la bestia (13:4, 8). El falso profeta obliga a los habitantes de la tierra a que "adoren a la primera bestia" (13:12). Así, los habitantes de la tierra son engañados e inducidos por los agentes satánicos a establecer un falso dios y una falsa adoración. Por eso el último mensaje de amonestación al mundo es: "Si alguno adora a la bestia y a su imagen… él también beberá del vino de la ira de Dios" (14:9, 10).

La imagen

El segundo mandamiento prohíbe la adoración de imágenes. Deliberadamente, el falso profeta obliga a los moradores de la tierra a que "hagan *imagen* a la bestia que tiene la herida de espada, y vivió" (13:14). Se trata de una abierta y clara violación del segundo mandamiento. Por eso el mensaje del tercer ángel también advierte contra la adoración de la bestia y "*su imagen*" (14:9).

Profanar el nombre de Dios

El tercer mandamiento nos amonesta a no tomar el nombre de Dios en vano; es decir, a no profanarlo. En Apocalipsis 12-14 encontramos que Dios y su nombre son el blanco del ataque directo de Satanás. La bestia tenía "una boca que hablaba grandes cosas y *blasfemias*" (13:5). La blasfemia va dirigida contra *el nombre* de Dios. En Apocalipsis la bestia "abrió su boca en blasfemias contra Dios, para *blasfemar de su nombre*" (13:6). Satanás está haciendo que el mundo se involucre en la violación del tercer mandamiento.

El sábado

El cuarto y último mandamiento de la primera tabla (amar a Dios) tiene que ver con la observancia del día de reposo, o sábado. Apocalipsis habla de un conflicto en cuanto al verdadero día de reposo.

En el sexto día, Dios hizo al hombre del polvo (solo una imagen) y luego sopló en su nariz aliento de vida, y el hombre fue un "ser viviente" (Génesis 1:26, 27; 2:7). De manera análoga, Satanás hace una imagen de la bestia y le infunde aliento (Apocalipsis 13:14, 15). Satanás intenta falsificar el acto de la creación.

Pero no debemos olvidar también que la creación terminó el "séptimo día". En Génesis 2:1-3 no solo se mencionan tres acciones de Dios en relación con el séptimo día (Dios reposó, lo bendijo y lo santificó), sino también se menciona tres veces la frase "séptimo día". Satanás falsifica la triple repetición del siete (777) en Génesis repitiendo tres veces el seis (666). Esto aparece en Apocalipsis (13:18).[17] Así, el 666 de Apocalipsis co-

17. Se dice que el 666 es "número de hombre". El hombre fue creado el sexto día (Génesis 1:26-31).

rresponde a la falsificación satánica del sábado o séptimo día de reposo.

En la visión que sirve de marco para este conflicto (Apocalipsis 11:19) se muestra el arca "de su pacto". Este hecho es iluminador respecto del tema del sábado en Apocalipsis.

Cuando Jacob y Labán hicieron un pacto, "Jacob tomó una piedra, y *la levantó por señal*" (Génesis 31:44, 45). Esa piedra quedaba como testimonio del pacto entre Jacob y Labán. Las circunstancias, los sentimientos e intereses podían cambiar, pero la piedra seguiría inmutable como una señal del compromiso entre ellos (vers. 52). La gran lección es: *no existe un pacto sin una señal.* Después del Diluvio, Dios le dijo a Noé que establecería su pacto con la humanidad, y le dio el arcoíris como "*la señal del pacto* que yo establezco entre mí y vosotros" (9:11-13, 17). También con Abraham hizo Dios un pacto. "Pondré mi pacto entre mí y ti" (Génesis 17:2). Pero este pacto también tenía una señal. Dios dijo a Abraham que la circuncisión "será por *señal del pacto* entre mí y vosotros" (vers. 11).

Cuando Dios hizo el pacto con el pueblo de Israel (Éxodo 19:4, 5; 24:1-8), le dio a Moisés las dos tablas del testimonio (31:18). Ese pacto también tenía una señal. "En verdad vosotros guardaréis mis días de reposo [sábados]; porque es *señal* entre mí y vosotros por vuestras generaciones, para que sepáis que yo soy Jehová que os santifico" (31:13). "*Señal* es para siempre entre mí y los hijos de Israel; porque en seis días hizo Jehová los cielos y la tierra, y en el séptimo día cesó y reposó" (vers. 17). El sábado de la creación era la señal del pacto entre Dios y su pueblo. Más tarde Dios recordó este importante hecho mediante el profeta Ezequiel (Ezequiel 20:12, 20). El sábado es la señal perpetua de la vigencia eterna del pacto entre Dios y su pueblo.[18]

---

18. El nuevo pacto no cambia la Ley de Dios, pero ahora la Ley no estará escrita en tablas de piedra sino en el corazón (Jeremías 31:31-34; Hebreos 10:16-18).

Por eso, Apocalipsis habla también del sello de Dios. Aunque el sello del Dios vivo (Apocalipsis 7:2-4) es el nombre de Dios, es decir, su carácter en la vida de sus seguidores (14:1), la imposición del carácter de Dios en sus hijos se logra por medio de la obediencia por fe a la Ley, de la que el sábado es un sello.

El carácter de Dios es amor (1 Juan 4:8). El amor de Dios en nosotros se revela en la obediencia a su ley: "Si me amáis, guardad mis mandamientos" (S. Juan 14:15). La ley se resume en el amor (Deuteronomio 11:22; Romanos 13:8-10). Por eso la ley es un reflejo del carácter de Dios (Salmos 19:7-10; Romanos 7:12). A través de la Ley que dio a su pueblo, Dios quería que las naciones tuvieran una idea de quién era él (Deuteronomio 4:6-8). Pero la Ley debía ser sellada entre los seguidores fieles de Dios (Isaías 8:16, 20). Es así como el sábado es el sello de Dios en su ley (Éxodo 31:13, 17), reflejo de su carácter, su nombre y sello.

En el libro de Daniel se presenta a un "cuerno" que habla contra Dios y pretende cambiar sus "tiempos y la ley" (7:25). Como ya estudiamos, este cuerno es la misma bestia de Apocalipsis 13. De modo que esta bestia trata no solo de blasfemar el nombre de Dios, su carácter, sino también de cambiar su ley. Como Dios tiene su sello (Apocalipsis 7:2, 3), Satanás implementa su marca: "Y hacía que a todos, pequeños y grandes, ricos y pobres, libres y esclavos, se les pusiese *una marca en la mano derecha, o en la frente*" (13:16). Esta es una clara falsificación de la ley de Dios.

Dios le dijo a su antiguo pueblo que su ley estaría grabada "*como una señal en tu mano*, y... como *frontales entre tus ojos*" (Deuteronomio 6:6-8). La ley de Dios debía ser una "señal" en la mano y en la frente de su pueblo. De la misma manera Satanás coloca su "marca" "en la mano y en la frente" de sus seguidores. *Esa marca entonces debe ser una falsa ley, con un falso día de reposo.*

Origen del día de reposo

El sábado fue establecido por Dios en la creación (Génesis 2:1-3) para beneficio de toda la humanidad (S. Marcos 2:27), no de una nación en particular. La Biblia da testimonio de que los seguidores de Dios guardaban el sábado aún antes de que Jehová le diera la ley a Moisés (Éxodo 16:4, 22-30). Los profetas amonestaron contra la violación del sábado y hablaron de las bendiciones de su observancia (Isaías 56:2, 3; 58:13, 14; Ezequiel 20:12, 20). La Biblia dice que Jesús guardaba el sábado y que acostumbraba ir al templo en ese día (S. Marcos 6:2; S. Lucas 4:16). Contra las falsas concepciones de los fariseos sobre la observancia del sábado, Cristo enseñó cómo observarlo verdaderamente (S. Mateo 12:1-12). Realizó muchos milagros en ese día (S. Marcos 1:21-28; 3:1-6; S. Lucas 13:10-17; S. Juan 5:1-17; 9:1-17). Cristo les expresó a sus discípulos su preocupación acerca de la observancia del sábado en tiempos de persecución, luego de su partida al cielo (S. Mateo 24:1-3, 20). Cuando murió, sus seguidores guardaron el sábado "conforme al mandamiento" (S. Lucas 23:54-56).

Sabemos también que los apóstoles guardaban el sábado una vez que Jesús ascendió a los cielos. Pablo se congregaba en sábado (Hechos 17:1, 2); aunque trabajaba cada día, dedicaba el sábado para ir a la iglesia (18:1-4). Si no había una iglesia dónde adorar en el día de reposo, él se reunía con sus hermanos cristianos al aire libre para adorar al Creador (16:13). Cierto sábado, predicó a judíos y a gentiles (13:14-16). Al finalizar el sermón, "los gentiles les rogaron que *el siguiente día de reposo* [sábado] les hablasen de estas cosas" (vers. 42) Efectivamente, "el siguiente día de reposo [sábado] se juntó casi toda la ciudad para oír la palabra de Dios" (vers. 44). Este incidente muestra que el día de reunión señalado de la iglesia cristiana del Nuevo Testamento era el sábado. Notemos que fueron los gentiles y no los judíos los que querían oír la predicación del apóstol. El sábado también era para ellos. El profeta Isaías predice el momento cuando los redimidos adorarán a Dios cada sábado en el cielo (Isaías 66:22, 23).

Hoy, la mayoría de los cristianos adoran a Dios en otro día; una práctica para la cual no hay ningún mandamiento expreso en la Palabra de Dios. Aunque es cierto que Jesús resucitó en domingo (S. Mateo 28:1-6) y que a veces algunos cristianos se reunían en el templo en ese día, esas reuniones eran incidentales (S. Juan 20:19; Hechos 20:7). Pudieron haber sido hechas en cualquier otro día. El hecho de que Jesús inauguró un jueves el nuevo pacto, con la Santa Cena, y murió un viernes, no nos autoriza a cambiar el día de adoración para esos días.

Dios nunca autorizó la observancia del domingo. Una mirada simple a la historia revelará que la observancia del domingo tiene más que ver con la religión romana[19] que con el cristianismo. El domingo es imposición de los que han invalidado el mandamiento de Dios por la tradición (S. Mateo 15:6). Incluso es posible que el Apocalipsis haya sido revelado precisamente un sábado (Apocalipsis 1:10).[20] Aunque las frases no son sinónimas ni idénticas, el único día que la Biblia asocia con "el Señor" es el sábado. Dios lo llama "mi día santo" (Isaías 58:13), y Cristo dijo que él era Señor del sábado (S. Marcos 2:28). Es posible que Juan identificara el sábado como "el día del Señor", para contrastar la adoración del "señor" emperador con la de su verdadero "Señor".

Así, la profecía muestra una falsificación del sábado del cuarto mandamiento. Por esta razón, Dios llama a los hombres a adorarlo como Creador: "Temed a Dios, y dadle gloria, por-

---

19. Los romanos veneraban al domingo como día del sol. De ahí viene el nombre de ese día en varias lenguas modernas. El término inglés *Sunday* (día del sol) deriva del nombre latino del día, "diez solis", que originó el nombre del día en varias otros idiomas.
20. Existe un gran debate histórico, teológico y exegético sobre el significado "en te kuriake hemera" o "día del Señor" de Apocalipsis 1:10.

que la hora de su juicio ha llegado; y adorad a aquel que hizo el cielo y la tierra, el mar y las fuentes de las aguas" (14:7). La razón dada aquí para adorar al Creador es la misma que aparece en los Diez Mandamientos para observar el sábado: "Porque en seis días hizo Jehová el cielo y la tierra, el mar, y todas las cosas que en ellos hay, y reposó en el séptimo día, por tanto, Jehová bendijo el día de reposo y lo santificó" (Éxodo 20:11). Esta es la misma razón por la que el sábado es establecido como una señal: "Señal es para siempre entre mí y los hijos de Israel; porque en seis días hizo Jehová los cielos y la tierra, y en el séptimo día cesó y reposó" (31:17)

Además de ser una señal de lealtad y devoción, el sábado fue "hecho por causa del hombre" (S. Marcos 2:27), o sea, fue establecido como una extraordinaria bendición espiritual. El sábado nos permite reposar de nuestras obras (ver Hebreos 4:10), y confiar en las obras de Jesús, nuestro Salvador. Al reposar el sábado, celebramos la gracia de Dios, su amor inmerecido por sus criaturas.

Hasta aquí hemos visto que Satanás completa su ataque sobre la primera tabla de la ley que estaba en el arca. Ahora estudiaremos el tema del pueblo de Dios "que guarda los mandamientos de Dios y la fe de Jesús" (Apocalipsis 14:12).

Capítulo 15

Los santos

El Apocalipsis identifica a los verdaderos hijos de Dios como "los santos" (13:7; 14:12), de igual modo lo hace el libro de Daniel (7:21). ¿Quiénes son estos "santos"? ¿Quiénes constituyen el pueblo de Dios? ¿Quiénes formarán el ejército de Dios en el último gran conflicto contra el mal?

El Apocalipsis no nos deja a oscuras en cuanto a la identidad del pueblo de Dios. La iglesia de Cristo no se identifica por su antigüedad, linaje o influencia. Jesús dijo que su verdadera familia son quienes hacen la voluntad del Padre (S. Mateo 12:48-50). No es simplemente reconocerse cristiano: "No todo el que me dice: Señor, Señor, entrará en el reino de los cielos, sino el que hace la voluntad de mi Padre que está en los cielos" (7:21).

Es necesario conocer las marcas identificadoras del verdadero pueblo de Dios, pues Satanás ha creado muchas falsificaciones del cristianismo, y ese engaño se perfeccionará en el tiempo del fin. "Son falsos apóstoles, obreros fraudulentos, que se disfrazan como apóstoles de Cristo. Y no es maravilla, porque el mismo Satanás se disfraza como ángel de luz. Así que, no es extraño si también sus ministros se disfrazan como ministros de justicia; cuyo fin será conforme a sus obras" (2 Corintios 11:13-15).

¿Cuáles son las características, según Apocalipsis, del verdadero pueblo de Dios en el tiempo del fin?

El remanente

Apocalipsis 12:17 nos dice que al final del tiempo quedará un remanente fiel a Dios, un "resto de la descendencia" de la mujer, que es la iglesia. Ese resto son los herederos directos de la iglesia verdadera. Padecerán persecución a manos del dragón, así como la padeció la iglesia en el pasado. Dios ha conservado un remanente fiel para este tiempo: "¿Ha desechado Dios a su pueblo? En ninguna manera... *aun en este tiempo ha quedado un remanente escogido por gracia*" (Romanos 11:1, 5). El mismo apóstol Juan era un símbolo de este remanente. Él, como el último de los apóstoles perseguido por Roma, representa a los últimos descendientes de la verdadera iglesia de Dios en el tiempo del fin.

Guardan los mandamientos de Dios

En dos ocasiones se menciona que el verdadero pueblo de Dios guarda "los mandamientos de Dios". Esto se dice primeramente del remanente (12:17) y luego de "los santos" (14:12). Los "mandamientos de Dios" son fundamentalmente los Diez Mandamientos que estaban dentro del arca del pacto (11:19). Algunos cristianos niegan la validez actual de los mandamientos y oponen la fe a la observancia de la ley. Es cierto, como dice San Pablo con toda razón, que solo somos justificados por la fe y no por la obediencia a la ley o por algún otro tipo de obras (Romanos 3:28; Efesios 2:8-10). Pero el mismo apóstol aclaró: "¿Luego por la fe invalidamos la ley? En ninguna manera, sino que confirmamos la ley" (Romanos 3:31). Los que han sido liberados del pecado no pueden seguir "en el pecado" (Romanos 6:1-2), sino que viven de acuerdo al Espíritu (Romanos 8:4), dejando que Dios cumpla su ley en sus vidas (Hebreos 13:20, 21).

Jesús dijo que él no vino para abrogar la ley, sino para cumplirla, porque hasta que pasen el cielo y la tierra, ni una jota ni un tilde pasará de la ley (S. Mateo 5:17-19).

Tienen el "testimonio de Jesucristo"

El remanente de Dios son los que "tienen el testimonio de Jesucristo" (12:17). Al principio de nuestro estudio del Apocalipsis pudimos observar que la frase "el testimonio de Jesucristo" se refiere al "espíritu de profecía" (19:10), o mejor dicho, al espíritu de los profetas (22:6, 9). También estudiamos que Dios le concedió ese testimonio al apóstol Juan, quien se convirtió en el profeta de Dios en los tiempos de crisis de la naciente iglesia. El remanente, como Juan, también tiene el "testimonio de Jesucristo", y con él el privilegio de la comunicación profética de Dios.

Dios estableció profetas en la iglesia primitiva (1 Corintios 12:28). La iglesia fue edificada "sobre el fundamento de los apóstoles y profetas" (Efesios 2:20). El apóstol Pablo reconocía el don de profecía como uno de los dones especiales de Dios (1 Corintios 14:1). Esos dones espirituales permanecerían en la iglesia (Efesios 4:11-13). De modo que el Apocalipsis está vaticinando la presencia del don de profecía en la iglesia de Dios hasta el tiempo del fin. Pero esto no significa que debamos creer en cualquier autodenominado profeta: "Amados, no creáis a todo espíritu, sino probad los espíritus si son de Dios; porque muchos falsos profetas han salido por el mundo" (1 Juan 4:1).

Pero entonces, ¿cómo podemos conocer los profetas verdaderos de Dios? Moisés, quien habló con Dios cara a cara, antes de morir dijo: "Profeta de en medio de ti, de tus hermanos, *como yo*, te levantará Jehová tu Dios; a él oiréis" (Deuteronomio 18:15). El verdadero profeta debía ser "como" Moisés. Moisés no fue solo un profeta dedicado a predecir el futuro. Él guió al pueblo de Dios desde la esclavitud a la tierra prometida. "Por un profeta Jehová hizo subir a Israel de Egipto, y por un profeta fue guardado" (Oseas 12:13). Los verdaderos profetas no actúan al margen del pueblo de Dios.

Son una guía espiritual del pueblo para "edificar" la iglesia (1 Corintios 14:3, 12).

Los verdaderos profetas hacen verdaderas predicciones y hablan bajo la autoridad de Dios (Deuteronomio 18:22). No viven explotando el temor de la gente, sino que comunican lo que Dios realmente ha profetizado. Muchos profetas de la actualidad, de la Nueva Era, hablan en nombre de espíritus desconocidos y supuestas fuerzas misteriosas del universo.

Los verdaderos profetas deben guiar al pueblo a la adoración y a la obediencia del verdadero Dios. Deuteronomio 13:1-3 dice que no basta con que se cumplan las predicciones del supuesto profeta; es necesario algo más: su mensaje debe conducir al pueblo a adorar al verdadero Dios. "Cuando se levantare en medio de ti profeta, o soñador de sueños, y te anunciare señal o prodigios, y si se cumpliere la señal o prodigio que él te anunció, diciendo: Vamos en pos de dioses ajenos, que no conociste, y sirvámosles; no darás oído a las palabras de tal profeta, ni al tal soñador de sueños".

El mensaje del profeta verdadero debe armonizar con la ley de Dios y su Palabra: "Y si os dijeren: Preguntad a los encantadores y a los adivinos, que susurran hablando, responded: ¿No consultará el pueblo a su Dios? ¿Consultará a los muertos por los vivos? ¡A la ley y al testimonio! Si no dijeren conforme a esto, es porque no les ha amanecido" (Isaías 8:19, 20).

Los verdaderos profetas deben reconocer la divinidad y la humanidad de Jesús: "En esto conoced el Espíritu de Dios: Todo espíritu que confiesa que Jesucristo ha venido en carne, es de Dios; y todo espíritu que no confiesa que Jesucristo ha venido en carne, no es de Dios" (1 Juan 4:2, 3).

Entonces, un profeta verdadero:

- Guía al pueblo de Dios y edifica la iglesia.
- Habla en nombre del Dios de la Biblia.
- Predice el futuro con profecías de cumplimiento real.

- Promueve la verdadera adoración.
- Su enseñanza está en armonía con la Ley y la Palabra de Dios.
- Reconoce la divinidad y la humanidad de Cristo.

Tiene la fe de Jesús

En Apocalipsis 2:13, Jesús habla de los que no han "negado *mi fe*". El término "fe" se refiere al contenido de la doctrina cristiana: la "fe que ha sido una vez dada a los santos" (Judas 3). La iglesia es "columna y baluarte de la verdad" (1 Timoteo 3:15). La verdadera iglesia de Dios de los últimos días debe ser fiel a la doctrina cristiana tal como aparece en las Sagradas Escrituras; no debe promover todo nuevo "viento de doctrina" y "estratagema de hombres" (Efesios 4:14).

Proclama la hora del juicio.

El ángel que predica el evangelio eterno anuncia que "la hora de su juicio ha llegado" (Apocalipsis 14:7). Como hemos estudiado en la Biblia, es imposible llegar a esta conclusión (de que ha llegado la hora del juicio) sin reconocer la existencia de un Santuario celestial (8:1, 2), donde Cristo intercede por nuestra salvación.

La verdadera iglesia de Dios debe proclamar todas estas verdades y procurar que el mundo vea el Santuario celestial. El remanente de Dios se mantiene firme en la contemplación del Santuario abierto en el cielo y de la obra de juicio que allí se realiza. Por eso proclama que el juicio "ha llegado". Este es un mensaje distintivo y exclusivo de la verdadera iglesia de Dios.

Adoran al Creador

El mensaje del primero de los tres ángeles dice: "Adorad a aquel que hizo el cielo y la tierra, el mar y las fuentes de las aguas" (14:7). Esto significa reconocer que Dios es nuestro

Creador, que el mundo no es producto de un proceso arbitrario y evolutivo y que somos creación especial de un Dios amante y poderoso que cuida y sustenta su creación. Todo esto es parte del mensaje final. El mensaje del Dios creador involucra el reconocimiento del sábado como día de reposo, porque en este día se conmemora la creación (Éxodo 20:8-11). El sábado es el sello del pacto entre Dios y su pueblo.

Se preparan para la segunda venida de Cristo

Después de la presentación del mensaje del tercer ángel, aparece en Apocalipsis el evento cumbre de la historia. "Miré, y he aquí una nube blanca; y sobre la nube uno sentado semejante al Hijo del Hombre, que tenía en la cabeza una corona de oro, y en la mano una hoz aguda. Y del templo salió otro ángel, clamando a gran voz al que estaba sentado sobre la nube: Mete tu hoz, y siega; porque la hora de segar ha llegado, pues la mies de la tierra está madura. Y el que estaba sentado sobre la nube metió su hoz en la tierra, y la tierra fue segada" (14:14-16). El pueblo de Dios está representado por la cosecha que Cristo recoge cuando viene por segunda vez.

Por lo tanto, las características de la verdadera iglesia de Dios, su remanente final, son las siguientes:

- Proclama la vigencia de los Diez Mandamientos.
- Tiene el don de profecía.
- Sostiene la verdadera "fe", la sana doctrina de la Biblia.
- Proclama el mensaje del Santuario abierto y del juicio actual.
- Adora al Creador y promueve la observancia del día de reposo de la creación.
- Espera y se prepara para la segunda venida de Cristo.

Jesús dijo: "También tengo otras ovejas que no son de este redil; aquéllas también debo traer, y oirán mi voz; y habrá un rebaño, y un pastor" (S. Juan 10:16). Esto indica que Jesús tiene un solo redil, pero tiene ovejas en otros rediles. Hoy, Cristo está llamando a esas ovejas dondequiera que estén. Finalmente habrá un solo rebaño, una sola iglesia de Cristo, donde se congregarán los salvos.

Capítulo 16

El día de la ira y el amor

Debo confesar que no sé cómo comenzar este capítulo. El tema de *la ira divina* ni siquiera inmuta al hombre moderno. Pasaron ya siglos cuando el drama de los "pecadores en manos de un Dios airado" hacía temblar a las multitudes. Hoy, al parecer, es Dios el que tiembla. Es él quien sufre ahora la ira de los hombres. Desterrado del pensamiento de la sociedad actual, relegado a funciones sin importancia en la vida cotidiana, sus atrincherados predicadores solo pueden proclamar un nuevo dios más simpático y tolerante. "Si es verdad que Dios piensa destruir a los hombres, no me interesa saber nada de él". Expresiones como éstas, que parecen ser un clamor de independencia contra siglos de terror en nombre de Dios, encierran el germen de una cosmovisión nueva y rebelde.

El hombre de hoy se piensa por encima de Dios. Lo cuestiona, lo rebaja, lo niega, lo ignora. Lo saca de su mente y lo expulsa del universo. Ahora parece que Dios regresa arrepentido, como hijo pródigo, mendigando un espacio en lo que era su casa, su mundo, dispuesto a reeducarse a imagen de los hombres, con la solemne encomienda de ser amable y con la prohibición absoluta de ofenderse.

Sus intérpretes autorizados, los que todavía se ocupan en interpretar los libros que Dios escribió hace milenios, divulgan con pasión que una mejor comprensión de la naturaleza divina demuestra que él es inofensivo, incapaz de destruir a una persona y mucho menos al mundo. Así revisten de "teología" su capitulación ante el humanismo generalizado que proclama que el hombre es su propio juez. No hay otro juicio que aquel que el sujeto humano pueda infligirse a sí mismo.

Sin embargo, Apocalipsis presenta el mensaje que Dios quiere que escuche la última generación de los seres humanos en este planeta. Hay en este libro una cantidad de textos que hablan de la ira divina. ¿Está Dios enviando un mensaje para una época equivocada? ¿O es que el dios de esta generación, a quien profesamos nuestra devoción, no es precisamente el mismo Dios que revelan las Sagradas Escrituras?

El hombre no es la medida de todas las cosas. Así como la ciencia moderna ha comprobado que nuestro planeta no es más que una microscópica e irrelevante partícula en el universo infinito, el hombre de hoy debe reconocer que él no está solo en el universo. Más allá de toda creación, hay un Dios todopoderoso. Es la esencia trascendente, la realidad infinita, el todo del hombre. Y ese Dios se resiste a ser desconectado de nuestra realidad. La advertencia es: "Temed a Dios, y dadle gloria, porque la hora de su juicio ha llegado" (14:7). Es un desafío directo a un mundo que se cree soberano y fuera del alcance del juicio divino. "Porque el gran día de su ira ha llegado; ¿y quién podrá sostenerse en pie? (6:17).

"Vi en el cielo otra señal, grande y admirable: siete ángeles que tenían las siete plagas postreras; porque en ellas se consumaba la ira de Dios" (15:1). Y "oí una gran voz que decía desde el templo a los siete ángeles: Id y derramad sobre la tierra las siete copas de la ira de Dios. Fue el primero, y derramó su copa sobre la tierra, y vino una úlcera maligna y pestilente. El segundo ángel derramó su copa sobre el mar, y éste se convirtió en sangre como de muerto; y murió todo ser vivo que había en el mar. El tercer ángel derramó su copa sobre los ríos, y sobre las fuentes de las aguas, y se convirtieron en sangre... El cuarto ángel derramó su copa sobre el sol, al cual fue dado quemar a los hombres con fuego. Y los hombres se quemaron con el gran calor… El quinto ángel derramó su copa sobre el trono de la bestia; y su reino se cubrió de tinieblas, y mordían de dolor sus lenguas… El sexto ángel derramó su copa sobre el gran río… Y vi salir de la boca del dragón, y de la boca de la bestia, y de la boca del falso profeta, tres espíritus inmundos a manera de ranas; pues son espíritus de demonios, que hacen señales, y van a los reyes de la tierra en todo el mundo, para reunirlos a la batalla de aquel gran día del Dios Todopoderoso…Y los reunió en el lugar que en hebreo se llama Armagedón. El séptimo ángel derramó su copa por el aire; y salió una gran voz del templo del cielo, del trono, diciendo: Hecho está. Entonces hubo relámpagos y voces y truenos, y un gran temblor de tierra, un terremoto tan grande, cual no lo hubo jamás desde que los hombres han estado sobre la tierra" (16:1-19).

Este texto es una descripción fiel y directa de lo que le espera a este mundo. Estos símbolos tratan de describir lo que será el momento más terrible en la historia de la humanidad. Los vientos se sueltan y las fuerzas de destrucción cumplen su extraña obra. Pero para apreciar y comprender estas escenas debemos descubrir el mensaje de la ira de Dios que está en toda la Biblia.

¿Qué es la ira de Dios?

El término "ira" nos trae a la mente a una persona fuera de control o a un ser sediento de venganza. Pero Dios es "tardo para la ira" (Éxodo 34:6). "Es amor" (1 Juan 4:8). Es santo (Levítico 19:2). Su carácter santo es incompatible con el pecado (Josué 24:19). Pero Dios además es "juez justo" y paga "a cada uno conforme a su obra" (Génesis 18:25; Salmos 7:11; 62:21; 2 Timoteo 4:8). "De ningún modo tendrá por inocente al malvado" (Éxodo 34:7). "Porque la ira de Dios se revela desde el cielo contra toda impiedad e injusticia de los hombres" (Romanos 1:18). El pecado de los hombres atrae, "provoca" la ira de Dios (Isaías 65:3). Tomando en cuenta toda la información bíblica sobre la ira y el carácter de Dios, podemos definir la ira como *la reacción santa y justa de Dios contra el pecado de los hombres.*

La ira y el tiempo.

Desde el momento que Dios le dijo a la primera pareja que "el día que de él [el árbol] comieres, ciertamente morirás" (Génesis 2:17), la ira divina ha estado relacionada con el tiempo. La condena de muerte —la manifestación de la ira— ocurriría en un tiempo específico: el día de la caída. Más tarde, cuando la tierra se corrompió y Dios decidió manifestar su ira y limitar la vida de los hombres, también señaló un tiempo: "Serán sus días ciento veinte años" (Génesis 6:3, 7). Jonás proclamó: "De aquí a cuarenta días Nínive será destruida" (Jonás 3:4). *La manifestación de la ira divina siempre se relaciona con un tiempo.* ¿Por qué? ¿Cuál es la relación entre la ira de Dios y el tiempo? La respuesta está en el relato de la destrucción de los cananeos.

En una manifestación especial de su presencia, Dios prometió a Abraham la tierra de Canaán (ver Génesis 15:7). Pero su descendencia no poseería la tierra sino hasta después de cuatrocientos años (vers. 13). Debían esperar hasta "la cuarta generación" (vers. 16). Pero, ¿por qué esperar tanto? Cuando Dios le dio la promesa a Abraham, "el cananeo estaba entonces en la tierra" (Génesis 12:6). Es decir, la tierra tenía sus legítimos habitantes. La Biblia dice que cada nación tiene un espacio y un tiempo asignado por Dios en la tierra (Deuteronomio 32:8). Los cananeos tenían su lugar (Génesis 10:15-20). Aquí residía el porqué Dios no le dio la tierra de inmediato a Abraham.

Pero, ¿por qué se la prometió para dentro de cuatrocientos años? La respuesta divina es clara: "Porque aún *no ha llegado a su colmo la maldad* del amorreo hasta aquí" (Génesis 15:16). De modo que la ira divina se manifiesta cuando los pecados llegan "a su colmo". Lo asombroso es que Dios sabía cuándo los pecados del amorreo habrían llegado "a su colmo". Así que, cuando Jonás anunció que Nínive sería destruida "de aquí a cuarenta días" (Jonás 3:4), era porque esa ciudad había llegado al colmo de su maldad.

Cuando Apocalipsis dice que "el gran día de su ira ha llegado" (6:17), se refiere a un tiempo cuando el pecado del mundo habrá llegado a su colmo, y por lo tanto será el tiempo en que Dios manifieste su ira.

Propiciación

La Biblia registra dos cosas importantes que tienen que ver con la venida de Cristo. En primer lugar, "que Cristo murió por nuestro pecados, conforme a las Escrituras" (1 Corintios 15:3); es decir, "Cristo murió por nosotros" (Romanos 5:8). Esto indica que los pecados condenaban a los hombres a la muerte y que Cristo tomó el lugar de los hombres y murió por ellos.

En el capítulo 9 hablamos del significado del término *propiciación*. Cuando la ira de Dios estaba a punto de revelarse y constató que todos los hombres "pecaron", "Dios puso [a Cristo] como *propiciación*" (Romanos 1:18; 3:20-25). La palabra tenía una connotación pagana. Cuando los paganos pensaban que su dios estaba airado, hacían algún sacrificio, incluso a veces mataban a sus propios hijos para aplacar la ira de sus dioses. A ese aplacamiento le llamaban *propiciación*.

La Biblia usa la misma palabra, pero el concepto es totalmente diferente. No es el hombre quien provee una propiciación a su dios, es Dios quien provee la propiciación al hombre. La *propiciación* es su Hijo (Romanos 8:32). Entonces, la *propiciación* no es la forma en que el hombre aplaca la ira divina, sino la provisión de Dios para salvar al hombre. Jesús fue el recipiente de la ira divina que destruiría a los hombres.

El segundo concepto que la Biblia vierte respecto de la primera venida de Cristo es que ocurrió en el tiempo predicho por las profecías. Ya estaban anunciados en el Antiguo Testamento el tiempo del nacimiento y de la muerte del Mesías (Daniel 9:25-27). Y en sus primeros sermones, el mismo Jesús reconoció que "*el tiempo se ha cumplido*" (S. Marcos 1:15). El apóstol Pablo dijo que "cuando vino el cumplimiento del tiempo, Dios envió a su Hijo" (Gálatas 4:4). Así como hubo un tiempo para la manifestación de la gracia divina expresada en la venida de Cristo, hay un tiempo preciso para la manifestación de la ira de Dios. La ira de Dios tiene su tiempo. El apóstol Pablo reafirma esta idea cuando dice que Cristo fue la *propiciación* para que Dios manifieste "*en este tiempo* su justicia" (Romanos 3:26).

Jesús y la ira de Dios

El temor a la ira divina hizo que Jesús tambaleara en el Getsemaní (S. Mateo 26:38; S. Marcos 14:36). Fue el peso del pecado de los hombres lo que hizo que fuera "su sudor como grandes gotas de sangre" (S. Lucas 22:44). Los hombres lo crucificaron, lo persiguieron, pero lo que provocó su muerte fue la "herida" de Dios (Salmos 69:26). Por eso Pilato se sorprendió cuando supo que había muerto tan rápido (S. Marcos 15:44).

La ira de Dios se manifiesta en destrucción, pero también se expresa cuando él se oculta del hombre (Salmos 27:9; 89:46; Isaías 54:8). En la cruz, Jesús sintió que había llegado la hora cumbre, que él cargaba con el pecado del hombre y que Dios había manifestado su ira: "Y desde la hora sexta hubo tinieblas sobre toda la tierra hasta la hora novena. Cerca de la hora novena, Jesús clamó a gran voz, diciendo: *Elí, Elí, ¿lama sabactani?* Esto es: *Dios mío, Dios mío, ¿por qué me has desamparado?* Algunos de los que estaban allí decían, al oírlo: A Elías llama éste... Mas Jesús, habiendo otra vez clamado a gran voz, entregó el espíritu" (S. Mateo 27:45-49). Jesús estaba sintiendo la eterna separación de Dios que sufrirán los impíos cuando sean exterminados para siempre.

La ira venidera

El profeta Isaías había dicho que Cristo vendría "a proclamar el año de la buena voluntad de Jehová, y el día de venganza del Dios nuestro" (Isaías 61:2). Jesús, en su primer sermón, dijo que esa profecía se había cumplido en él (S. Lucas 4:18-21). Pero curiosamente, solo citó la parte que hablaba del "año de la buena voluntad" y omitió la alusión al día de "la venganza de Jehová" (vers. 19). Su misión en la tierra sería salvar al hombre y evitar su destrucción. Sin embargo, "la Escritura no puede ser quebrantada" (S. Juan 10:35). El día de la venganza no sería eliminado, sino pospuesto. "El gran día de su ira es venido", nos cuenta Apocalipsis (6:17).

¿Qué pasará entonces?

Capítulo 17

El encuentro con el Cordero

"Oí una gran voz que decía desde el templo a los siete ángeles: Id y derramad sobre la tierra *las siete copas de la ira* de Dios" (Apocalipsis 16:1).

El Antiguo Testamento nos habla de la "copa del vino de [la ira]" de Dios (Jeremías 25:15, 17). Las plagas son esa "copa", la manifestación definitiva de la ira de Dios sobre el mundo. A esto se refería el ángel cuando advertía que los falsos adoradores beberían "del vino de la ira de Dios que ha sido vaciado puro en el cáliz [*copa*] de su ira" (Apocalipsis 14:10). A esta copa de la ira divina se refería Jesús en el Getsemaní: "Padre mío, si es posible, pase de mí *esta copa*" (S. Mateo 26:39). Después que decidió morir por el hombre, afirmó: "*La copa* que el Padre me ha dado, ¿no la he de *beber*?" (S. Juan 18:11).

De modo que Jesús sufrió la misma copa de la ira divina que los impíos sufrirán cuando se derramen las plagas. Así como Jesús recibió "la copa" de la ira de Dios en la cruz, las plagas de la ira final serán derramadas sobre los que rechazan a Jesús. El apóstol nos dice que la "propiciación" es "por medio de la fe en su sangre" (Romanos 3:25). Solo se beneficia definitivamente de la muerte de Cristo quien entrega su vida a él, se arrepiente de sus pecados e inicia una relación de fe con Dios. Al rechazar a Cristo, los hombres rechazan al único que los puede librar de la ira. Por eso el Apocalipsis nos dice dos veces que los perdidos "no se arrepintieron" de sus pecados (Apocalipsis 16:9, 11).

"El que cree en el Hijo tiene vida eterna; pero el que rehúsa creer en el Hijo no verá la vida, sino que *la ira de Dios está sobre él*" (S. Juan 3:36). Jesús es "quien *nos libra de la ira venidera*" (1 Tesalonicenses 1:10). Apocalipsis denomina la crisis final como "la ira del Cordero" (6:16). El Cordero, Jesús (S. Juan 1:29), quien una vez murió recibiendo la ira de Dios, será ahora él mismo el instrumento de la ira.

El templo cerrado

La escena de las siete últimas plagas de la ira de Dios (Apocalipsis 16) está también precedida por una escena celestial (15:8): "Y el templo se llenó de humo por la gloria de Dios, y por su poder; y nadie podía entrar en el templo hasta que se hubiesen cumplido las siete plagas de los siete ángeles". Este es el templo donde Cristo intercede por sus hermanos (Hebreos 7:24, 25; 8:1, 2), el Santuario celestial donde presenta nuestras oraciones, como incienso, ante la presencia de Dios (Apocalipsis 8:3, 4). Cuando la gloria de Dios llenaba el templo terrenal, nadie podía entrar (Éxodo 40:34, 35). "*Y no podían entrar los sacerdotes* en la casa de Jehová, porque la gloria de Jehová había llenado la casa de Jehová" (2 Crónicas 7:2).

Apocalipsis nos presenta una escena similar. La gloria de Dios llenará su Santuario y nadie podrá entrar. El mensaje es que ni aun nuestro sacerdote, Cristo Jesús, podrá estar allá para interceder por nosotros. *El tiempo de la gracia y de la salvación habrá acabado, los ángeles que detienen los vientos los habrán* soltado y una voz del cielo proclamará: "El que es santo que siga santo, y l que es sucio que siga sucio, y el que es injusto, que siga injusto" (ver Apocalipsis 22:11). *El destino de todos habrá sido fijado y la puerta de oportunidad se habrá cerrado para siempre.*

Ante la seriedad de este suceso, se nos hace una solemne invitación: "Acerquémonos pues confiadamente al trono de la gracia, para alcanzar misericordia y hallar gracia en el oportuno socorro" (Hebreos 4:16). "He aquí ahora el tiempo aceptable; he aquí ahora el día de salvación" (2 Corintios 6:2) "¿O menosprecias las riquezas de su benignidad, paciencia y longanimidad, ignorando que su benignidad te guía al arrepentimiento? Pero por tu dureza y por tu corazón no arrepentido, atesoras para ti mismo ira para el día de la ira y de la revelación del justo juicio de Dios" (Romanos 2:4, 5).

El glorioso evento final

Veamos algunos pasajes sobre la gloriosa restauración final:

- Cristo viene:
  "He aquí que viene con las nubes, y todo ojo le verá...Y el cielo se desvaneció como un pergamino que se enrolla; y todo monte y toda isla se removió de su lugar. Y los reyes de la tierra, y los grandes, los ricos, los capitanes, los poderosos, y todo siervo y todo libre, se escondieron en las cuevas y entre las peñas de los montes; y decían a los montes y a las peñas: Caed sobre nosotros, y escondednos del rostro de aquel que está sentado sobre el trono, y de la ira del Cordero; porque el gran día de su ira ha llegado; ¿y quién podrá sostenerse en pie?... El séptimo ángel tocó la trompeta, y hubo grandes voces en el cielo, que decían: Los reinos del mundo han venido a ser de nuestro Señor y de su Cristo; y él reinará por los siglos de los siglos" (Apocalipsis 1:7; 6:14-17; 11:15).
- Los salvados alaban:
  "Vi también como un mar de vidrio mezclado con fuego; y a los que habían alcanzado la victoria... en pie sobre el mar de vidrio, con las arpas de Dios. Y cantan... diciendo: Grandes y maravillosas son tus obras, Señor Dios Todopoderoso; justos y verdaderos son tus caminos, Rey de los santos. ¿Quién no te temerá, oh Señor, y glorificará tu nombre? pues solo tú eres santo; por lo cual todas las naciones

vendrán y te adorarán, porque tus juicios se han manifestado" (Apocalipsis 15:2-4).

- Desciende la Nueva Jerusalén:
  "Vi un cielo nuevo y una tierra nueva; porque el primer cielo y la primera tierra pasaron, y el mar ya no existía más. Y yo Juan vi la santa ciudad, la nueva Jerusalén, descender del cielo, de Dios, dispuesta como una esposa ataviada para su marido. Y oí una gran voz del cielo que decía: He aquí el tabernáculo de Dios con los hombres, y él morará con ellos; y ellos serán su pueblo, y Dios mismo estará con ellos como su Dios. Enjugará Dios toda lágrima de los ojos de ellos; y ya no habrá muerte, ni habrá más llanto, ni clamor, ni dolor; porque las primeras cosas pasaron. Y el que estaba sentado en el trono dijo: He aquí, yo hago nuevas todas las cosas. Y me dijo: Escribe; porque estas palabras son fieles y verdaderas" (Apocalipsis 21:1-5).

Comenzamos este libro hablando de la interpretación de la profecía maya que augura el fin del mundo para el 21 de diciembre de 2012. Pero pasará ese día y nada habrá ocurrido. Una vez más los agoreros del fatalismo se equivocarán. Una vez más, el mensaje oscurantista de los falsos profetas hará más nítida la luz de la Palabra de Dios. Porque ella es la única fuente del secreto del tiempo y del futuro. Pues Dios, el creador de todas las cosas, de quien depende tu vida y la de toda la humanidad, inspiró este Sagrado Libro para darnos las buenas nuevas de salvación en Jesucristo. Solo en la fe del Dios de Jesús podemos confiar tranquilos. Su Palabra es eterna. Sus profecías siempre se han cumplido meridianamente.

Como ya vimos, la historia no es más que el despliegue de la profecía de Daniel 2. Solo nos resta que se cumpla el último anuncio que describe Apocalipsis 11:15: "El séptimo ángel tocó la trompeta, y hubo grandes voces en el cielo, que decían:

Los reinos del mundo han venido a ser de nuestro Señor y de su Cristo; y él reinará por los siglos de los siglos".

Yo espero estar allí. ¿Y tú? ¡Yo sé que quieres! Pon ahora tu vida en las manos seguras y amantes de tu Salvador. Vive para él y espera. Allí nos conoceremos junto con una gran multitud redimida por la gracia de Dios. El gozo y la dicha serán eternos.

¡Amén; sí, ven Señor Jesús! (Apocalipsis 22:20)

UNA INVITACIÓN PARA USTED

Si este libro ha sido de su agrado, si los temas presentados le han resultado útiles, lo invitamos a seguir explorando los principios divinos para una vida provechosa y feliz. Hay miles de congregaciones alrededor del mundo que comparten estas ideas y estarían gustosas de recibirle en sus reuniones. La Iglesia Adventista del Séptimo Día es una iglesia cristiana que espera el regreso del Señor Jesucristo y se reúne cada sábado para estudiar su Palabra.

En los Estados Unidos, puede llamar a la oficina regional de su zona o escribir a las oficinas de la Pacific Press para recibir mayor información sobre la congregación más cercana a usted. En Internet puede encontrar la página de la sede mundial de la Iglesia Adventista en www.adventist.org.

OFICINAS REGIONALES

UNIÓN DEL ATLÁNTICO
400 Main Street
South Lancaster, MA 01561-1189
Tel. 978/368-8333

UNIÓN DE CANADÁ
1148 King Street East
Oshawa, Ontario L1H 1H8
Canadá
Tel. 905/433-0011

UNIÓN DE COLUMBIA
5427 Twin Knolls Road
Columbia, MD 21045
Tel. 410/997-3414 (Baltimore, MD)

Tel. 301/596-0800 (Washington, DC)

UNIÓN DEL LAGO
8903 US 31
Berrien Springs, MI 49103-1629
Tel. 269/473-8200

UNIÓN DEL CENTRO
8307 Pine Lake Road
Lincoln, NE 68516
Tel. 402/484-3000

UNION DEL NORTE DEL PACÍFICO
1498 S. E. Tech Center Place, Ste. 300
Vancouver, WA 98683-5509
Tel. 360/816-1400

UNIÓN DEL PACÍFICO
2686 Townsgate Road
Westlake Village, CA 91361
Tel. 805/497-9457

UNIÓN DEL SUR
3978 Memorial Drive
Decatur, GA 30032
Tel. 404/299-1832

UNIÓN DEL SUROESTE
777 South Burleson Boulevard
Burleson, TX 76028
Tel. 817/295-0476